西安石油大学优秀学术著作出版基金资助

致密砂岩储层核磁共振测井评价方法

孟祥宁　著

中国石化出版社
HTTP://WWW.SINOPEC-PRESS.COM

图书在版编目(CIP)数据

致密砂岩储层核磁共振测井评价方法/孟祥宁著.
—北京:中国石化出版社,2019.7
ISBN 978-7-5114-5394-5

Ⅰ.①致… Ⅱ.①孟… Ⅲ.①致密砂岩-砂岩储集层-核磁测井-研究Ⅳ.①P631.8

中国版本图书馆 CIP 数据核字(2019)第 124500 号

中国石化出版社出版发行

地址:北京市朝阳区吉市口路 9 号
邮编:100020　电话:(010)59964500
发行部电话:(010)59964526
http://www.sinopec-press.com
E-mail:press@sinopec.com
北京柏力行彩印有限公司印刷
全国各地新华书店经销

*

710*1000 毫米 16 开本 8 印张 228 千字
2019 年 6 月第 1 版　2019 年 6 月第 1 次印刷
定价:62.00 元

前 言

致密砂岩储层储量丰富，具有现实的可开发性，得到了国内外的广泛重视。核磁共振测井由于其自身独特的技术优势，在复杂储层测井评价中发挥着重要作用。然而，利用核磁共振测井进行致密砂岩储层评价存在如下几个突出问题：①低信噪比导致数据反演结果偏离地层的真实情况；②二维核磁共振测井数据反演不适定性强，影响储层流体识别效果；③致密砂岩储层孔隙结构复杂，利用核磁共振 T_2 谱构造伪毛管压力曲线的方法不具备普遍适用性，对于不同类型的储层必须开展有针对性的研究；④目前针对致密砂岩储层进行核磁共振流体识别的技术手段还不成熟。

针对上述问题，本书从提高核磁共振测井数据的信噪比出发，分析了基于小波包阈值算法和小波包阈自适应滤波算法的核磁共振回波数据去噪方法。在分析小波包阈值算法时，发现“sym7”为适用于小波包阈值算法的最优小波包基函数，提出了在最大分解尺度范围内，分别借助模极大值和熵最小值准则确定整体和局部最优分解尺度，自适应地确定最优分解尺度的方法。在利用小包阈自适应滤波算法进行核磁共振回波数据去噪时，发现了“消断”现象，系统地阐述了影响该现象出现的因素，提出了一种变阶数的解决方案，形成了变阶数小波包阈自适应滤波算法。

为了更有效地利用二维核磁共振测井数据反演结果进行流体识别，书中还对二维核磁共振数据反演的不适定性进行了分析。以二维核磁共振测井 T_2-T_1 模型为例，为了减少不适定性，将小波包阈自适应滤波用于二维核磁共振测井数据的去噪处理中。还分析、比较了吉洪诺夫正则化法、截断奇异值分解法分别利用 L 曲线法和广义交叉验证法选择正则化参数时的反演效果。为了进一步提高二维核磁共振测井数据反演结果对储层流体的识别能力，另将 L_1 范数正则化法和 L_1 范数混合 L_2 范数（L_1/L_2）双参数正则化法用于二维核磁共振测井数据反演中。

在本书的第五章中，分析了利用核磁共振 T_2 谱构造伪毛管压力曲线的物理基础，分别利用线性法、一元函数法、幂函数法以及线性-幂函数法构造伪毛管压力曲线。分析了现有的油气影响校正方法，并用实际岩心实验数据对这些方法进行了检验。形成了一套先利用小波包阈自适应滤波算法去噪，再用基于回波串的油气影响校正方法消除油气影响，进而利用线性-幂函数法构造伪毛管压力曲线，提取孔隙结构参数评价储层孔隙结构的技术流程，并用实际测井资料验证了该套技术流程的有效性。

最后，利用一维核磁共振流体识别的时域分析法(TDA)，对包含轻质油、天然气和地层水的两种致密砂岩储层模型进行了流体识别，考察了采集参数、孔隙度、信噪比对TDA法使用效果的影响。将L_1/L_2双参数正则化法用于致密砂岩储层 T_2-T_1 法核磁共振测井数据反演中，分析了二维核磁共振测井 T_2-T_1 法在致密砂岩储层流体识别中的适用性。

本书涉及的主要研究成果是作者在中国石油大学(北京)攻读博士学位期间完成的。在此向恩师谢然红教授表示最诚挚的感谢。此外，感谢高扬硕士、吴有彬硕士、邹友龙博士、张慧硕士、张静硕士、刘康硕士、郝龙硕士、王龙硕士、刘秘博士、郭江峰博士、丁业娇硕士等给我的莫大支持与帮助。研究过程中，还得到了中国石油大学(北京)核磁共振测井实验室肖立志教授、付建伟副教授、廖广志副教授、中国地质大学(北京)谭茂金教授、俄罗斯科学院院士 Kev M. Salikhov 等的建议和帮助，在此表示由衷的感谢！

本书由“西安石油大学优秀学术著作出版基金”和“西安石油大学碎屑岩沉积学与储层评价青年科研创新团队(2019QNKYCXTD05)”资助出版。在编写过程中，为兼顾学术研究的系统性和致密砂岩储层核磁共振测井的特殊性，用一定的篇幅概述了致密砂岩储层核磁共振测井评价方法及核磁共振测井基本理论，力求理论结合实际，读者可根据需要进行选择性阅读。

由于编者水平有限，难免出现纰漏和错误，诚望提出宝贵意见！

目　录

第一章 致密砂岩储层核磁共振测井评价概述

致密砂岩储层包括致密砂岩气和致密砂岩油。关于如何界定致密砂岩储层，目前尚未形成统一的认识。致密砂岩储层的概念最早出现于美国，当时是针对致密砂岩气所提出的。1978 年，美国《天然气政策法案》将渗透率小于$0.1\times10^{-3}\mu m^2$的气藏定义为致密砂岩气藏。美国联邦能源委员会(FERC)也用同样的标准界定致密砂岩气藏。Spencer 等(1985)虽然依据孔隙度将致密储层划分为高孔致密储层和低孔致密储层两类，但是其依然以$0.1\times10^{-3}\mu m^2$作为渗透率界定的上限。关德师等(1995)利用储层物性参数界定了致密砂岩气藏。王允诚等(2004)将致密储层定义为孔隙度为 2%~8%，渗透率为0.1×10^{-3}~$0.001\times10^{-3}\mu m^2$的储层。杨晓宁等(2005)认为，致密储层是孔隙度为 7%~12%、空气渗透率小于$1\times10^{-3}\mu m^2$、孔喉半径小于 0.5μm 的致密砂岩储层。2011 年，我国公布的《SY/T 6832—2011 致密砂岩气地质评价方法》把覆压基质渗透率$0.1\times10^{-3}\mu m^2$作为常规砂岩气层和致密砂岩气层的分界值。

致密砂岩油界定标准的形成过程类似于致密砂岩气。美国国家石油委员会(NPC)和加拿大自然委员会认定的狭义上的致密油仅包括致密页岩油，而不包括致密砂岩油，而加拿大国家能源委员会(NEB)、非常规资源协会(CSUR)则将致密砂岩油归类为致密油气资源。在我国，贾承造等(2012)、邹才能等(2012)从致密砂岩油的生成、储集以及渗透率方面对致密砂岩储层进行了定义。白玉彬等(2013)认为致密砂岩油是指采用大型压裂改造等技术措施才能获得经济产量，且绝对渗透率小于$2\times10^{-3}\mu m^2$的烃源岩外的砂岩油藏。2013 年，我国公布的《SYT 6943—2013 致密油地质评价方法》把覆压基质渗透率$0.2\times10^{-3}\mu m^2$作为常规砂岩油层和致密砂岩油层的分界值。

致密砂岩储层最基本的特征是：

(1) 储层物性差，分布面积广，非均质强。我国的致密油储层孔隙度通常不大于 12%，渗透率一般不大于$1\times10^{-3}\mu m^2$；致密气储层孔隙度一般为 4%~10%，渗透率小于$1\times10^{-3}\mu m^2$。我国鄂尔多斯盆地延长组长 7 段致密油分布面积达$2.5\times10^4 km^2$，致密砂岩含气面积超过$3.5\times10^4 km^2$，其中，苏里格气田探明的盒 8 段气藏面积达$6.5\times10^4 km^2$。四川盆地须家河组致密砂岩含气面积约$3\times10^4 km^2$，吐哈盆地侏罗系致密砂岩气有利面积为 $9.5\times10^4km^2$。我国的致密砂岩储层非均质性极强，邻井产量有时甚至相差数倍。

(2) 资源丰度低，局部有甜点。致密油气勘探开发数据统计结果显示，致密油单井初期日产量一般小于 10t，致密气直井单井日产量一般小于 $5\times10^4m^3$，产量递减快，需要大量钻井来弥补产量的递减。例如，四川盆地侏罗系致密油丰度为 $(7\sim11)\times10^4t/km^2$，共有 960 口生产井，其中 733 口井产量大于 1t/d，227 口井产量为 0.1~1t/d。鄂尔多斯盆地苏里格气田单井产量一般为 $(1\sim3)\times10^4m^3/d$，而少数井最高超过 $100\times10^4m^3/d$。高产井所在的区即为"甜点"区，主要受储层非均质性控制。

(3) 致密油气一般没有统一的油气水界面，油气水关系复杂。我国致密油的油水关系可分为两类：一类不含水或极少含水，如鄂尔多斯盆地延长组长 7 段和准噶尔盆地吉木萨尔凹陷二叠系；另一类油水关系十分复杂，如松辽盆地扶杨油层，鄂尔多斯盆地石炭系—二叠系致密气圈闭界面模糊，气水关系复杂。

(4) 普遍存在压力异常，原油性质好，绝大多数均为轻质油。由于致密油气储层致密，保存条件好，生成或运移进来的油气难以散失，导致地层压力增大，使得储集空间内的压力难以释放，从而形成异常高压。我国致密油气储层除了鄂尔多斯延长组、吐哈盆地下侏罗统和松辽盆地南部表现为低压或常压特征外，普遍表现出异常高压。北美落基山致密砂岩气储层也普遍具有异常高压。受构造稳定性及烃源岩热演化程度控制，加上良好的保存条件，致密油原油性质普遍较好。原油密度一般为 $0.7\sim0.85g/cm^3$，黏度为 0.3~3mPa·s。如北美威利斯顿盆地贝肯组致密油，原油 API 为 41°~44°，密度为 $0.8\sim0.82g/cm^3$，为轻质油。鄂尔多斯盆地长 7 段致密油储层，黏度为 1~55mPa·s，原油密度为 $0.83\sim0.85g/cm^3$，也为轻质油。

勘探实践证明，我国的致密油气具有良好的资源前景，是非常规资源中十分现实的勘探领域，也是未来油气勘探中十分重要的接替领域。我国致密砂岩油气资源潜力巨大，近年来，新增和探明致密油气储量逐年攀升。我国致密油气资源主要分布在鄂尔多斯盆地和四川盆地，其次是松辽盆地、吐哈盆地、渤海湾盆地、准格尔盆地和塔里木等盆地。苏里格气田是我国目前最大的致密气产地，年产量达 $1.37\times10^{12}m^3$，占长庆气区产量的 53%。这些气田的发现和开发使得致密砂岩气成为我国目前十分现实的非常规天然气资源。2010 年年底，我国致密砂岩气田总储量和年产量已分别约占全国天然气储量和产量的三分之一和四分之一。致密油资源在我国主要盆地广泛分布，是我国未来重要的石油接替资源。致密油储层岩性包括粉细砂岩、泥灰岩、灰质白云岩等，以砂岩为主。

在油气田的勘探开发中，由于核磁共振测井技术独特的优点(探测到的只是流体的信号，不受岩石骨架的影响，所得结果不需要进行地层岩性影响因素的校正)

已经成为储层评价的关键技术。核磁共振测井能够提供其他测井方法所不能提供的关于流体含量和性质及储层孔径的信息，利用这些性质可以有效解决复杂岩性、低阻油层、稠油层、水淹层的问题，提供合理的储层物性和结构等相关参数。鉴于致密砂岩油气资源评价的重要性和核磁共振测井技术的先进性，关于核磁共振测井技术应用于致密砂岩储层评价的研究具有重要的理论意义和实用价值。

第一节　致密砂岩储层核磁共振测井评价方法目前存在的问题

目前利用核磁共振测井技术评价致密砂岩储层还存在以下几个需要深入分析与解决的问题：①由于核磁共振测井采集到的是纳伏级信号，致密储层孔隙度较低，使得核磁共振测井探测到的流体信号极为微弱，核磁共振测井数据信噪比的问题在致密储层尤为突出。现有的去噪方法在信噪比低于 15 的致密砂岩储层核磁共振测井数据中去噪效果较差，导致反演得到的 T_2 谱偏离了地层的真实情况。②核磁共振数据反演技术为储层评价提供了重要信息，精确、快速的反演对于储层评价的可靠性具有重要意义。二维核磁共振采集的数据比一维核磁共振包含了更多的有效信息，但却面临着大数据量反演的困难，导致反演结果对储层流体的辨识能力下降，不利于运用反演结果进行油气识别。③致密砂岩油气常常赋存于致密空间中，油气分布和储层性质与储层的孔隙结构特征密切相关。然而，利用核磁共振谱构造伪毛管压力曲线的方法不具备普遍适用性，对于不同类型的储层必须开展有针对性的研究。④储层流体的弛豫和扩散特性差异是利用核磁共振进行流体识别的基础，目前，针对致密砂岩储层流体核磁共振特性差异，以及利用该差异进行流体识别的方法的研究还不成熟。

综上所述，为了提高核磁共振测井数据的信噪比，改善二维共振测井数据的反演精度，更为有效地评价储层孔隙结构和识别储层流体性质，提升测井评价技术水平，有必要以致密砂岩储层为研究对象，针对上述问题开展研究、分析工作。

第二节　致密砂岩储层核磁共振测井评价方法研究现状

一、核磁共振测井数据去噪技术研究现状

对核磁共振数据进行去噪的研究最早开始于医学领域。Edelstein 等(1984)对

医用核磁共振成像系统的噪声来源进行了深入的研究，他们认为核磁共振成像的噪声符合瑞雷分布。Bernstein 等(1989)在研究医用核磁共振成像时认为其噪声可以用莱斯分布进行描述，并尝试借助相位校正技术进行处理。Wood 等(1999)在研究医学核磁共振影像时，认为其噪声符合莱斯分布，但是当信噪比大于 5 时，接近于高斯分布，并尝试用小波包分解算法对信噪比低于 5 的信号进行去噪处理，取得了良好的效果，但是其信噪比的定义不以 db 为单位。Ahmed 等(2001)基于小波变换提出了临界采样时频变换算法为医学影像核磁共振信号去噪，通过对小波分解后的分解系数进行阈值降噪，获得了较好的去噪效果。王希武等(2008)在研究医学核磁共振自由感应衰减(FID)信号的去噪处理时，分析了模极大值、阈值收缩和平移不变 3 种去噪方法，并提出了基于相关系数最大原则的最优小波基选择办法。Rajeesh 等(2010)在研究医学核磁共振成像技术时，也认为噪声符合莱斯分布，而不是加性高斯噪声，并尝试用小波分解进行去噪处理。

在化学领域，邵学广等(1999)在研究有机化合物结构时，首次将小波变换用于核磁共振数据的压缩处理。随后，邵学广等(2003)将小波变换的应用拓展到核磁共振数据平滑处理和核磁共振信号去噪方面。他们的研究表明，相对于传统的数学微分、傅里叶变换和卷积平滑，小波变换更适用于非平稳信号去噪。Cancino · De · Greiff 等(2002)将小波收缩算法(WSD)引入核磁共振成像信号的去噪处理，并将 WSD 和谱估计中的 Cadzow 去噪算法(CDA)相结合，比较分析了 WSD、CDA 及 WSD-CDA 这 3 种算法。Cobas 等(2004)在研究生物大分子结构核磁共振光谱时，尝试将小波分解方法用于二维核磁共振信号的压缩处理。Trbovic 等(2005)在研究蛋白质抑制剂的核磁共振谱时，将小波变换和主成分分析相结合，将主成分分析用于小波分解得到的系数上，取得了较好的去噪效果。邓传行等(2007)采用基于非抽样的小波变换，在保持回波信号峰值的同时对低场核磁共振信号进行了去噪处理。Fukazawa 等(2010)在研究化学和生物化学中的核磁共振信号时提出了利用相位协方差去噪的方法。他们借助傅里叶变换，分析核磁共振信号和脉冲信号之间的相位关系，其数值模拟显示在脉冲最大峰值处效果明显，而最小峰值处效果较差，因此，该方法不适用于定量分析。Serban(2010)在研究利用核磁共振识别多维生物分子组分时，将基于无偏似然估计准则的小波变换去噪算法用于多维核磁共振数据去噪。此后，Zhong 等(2011)在研究石油和其他沉积有机质大分子组分时，将小波变换用于核磁共振谱的去噪处理。Liu 等(2012)在研究蛋白质核磁共振谱的峰值检测时使用了小波变换对数据进行滤波。Hu 等(2012)在研究蛋白质分子结构的核磁共振成像时也选用小波变换作为去噪手段。

对核磁共振测井数据开展去噪研究可以追溯到 1996 年，西方阿特拉斯公司的 Edwards 和 Chen 尝试利用时变滤波器滑动平均的方法，相当于一个低通滤波器，对回波串信号进行滤波处理，该方法的优点是滤波器频带宽度随时间变小，对前期数据进行最小限度滤波；对后期数据进行最大限度滤波；该方法的缺陷在于对反演出来的 T_2 谱造成了损伤，使得反演结果不稳定。蔡剑华等(2010)首次将基于经验模态分解(EMD)的去噪算法应用于核磁共振测井信号处理，其研究结果显示，该种算法较小波阈值优越，但是该方法缺少严格的数学基础(如收敛性、唯一性、正交性、完备性等)，只能通过实验方法求证而不能进行数学的严格证明，以至于连“什么样的信号能进行 EMD 分解”迄今都无法解释，且其研究所用的信号本身信噪比偏高，对于低于 18db 的信号未见其适用性。谢庆明等(2010)将基于小波变换的 Stein 无偏风险估计算法用于核磁共振测井信号的去噪处理，该算法与传统的模极大值法和空域相关法相比，能够获得更高的信噪比，但是该算法对于信噪比较低的数据(如低于 10db)，则效果不好。吴磊等(2011)在研制核磁共振测井仪时也选择小波变换作为其滤波算法，其研究以信噪比和均方根误差为衡量标准，结果表明，小波变换算法具有计算量、相位失真小，对数据量的依赖少等特点。吴有彬等(2012)将自适应滤波结合到小波阈内并获得了较好的去噪效果，但是对于低于 10db 的核磁共振数据，其去噪效果仍然不能令人满意。谢庆明等(2013)研究在核磁共振测井仪器采集天线中加入相位校正自适应谱线增强器进行滤波处理。肖立志等(2013)在对核磁共振测井数据进行去噪处理时，选择小波阈值算法，并对阈值的选取过程做了改进，提出了正则化-启发式阈值算法对小波分解后的细节系数进行阈值降噪。Xie 等(2014)将 3 种去噪方法(模极大值法、空域相关法、小波阈值算法)用于提高核磁共振回波串数据的信噪比，研究结果表明，小波阈值算法去噪效果优于另外两种。随后，Xie 等(2015)进一步将小波阈自适应滤波算法用于致密砂岩储层核磁共振测井数据的去噪处理中，结果显示，小波阈自适应滤波算法的去噪效果优于小波阈值算法。

二、二维核磁共振测井数据反演技术研究现状

Venkataramanan、Song 等(2002)提出了将二维反演问题转化为一维反演的思路，使得二维反演可以使用一维反演的方法进行处理。一维核磁共振反演可以分为四个大类：蒙特卡洛类方法、基函数类方法、逆拉普拉斯(ILT)法、正则化类方法。蒙特卡洛类方法包括遗传算法、模拟退火算法、神经网络、差分进化等，这类方法是有概率控制的寻优方法，在特征维度过大时，效率低，无法开展实际应用，不适合扩展到大规模数据运算的二维核磁共振反演中。基函数类方法计算效率较高，不足之处在于必须首先确定待求谱峰的线形。Sun 等(2010)将基函数方法用于反演核磁共振回波串中的液体分量信号。ILT 法的依据是二维核磁共振信号横向弛豫时间和纵向弛豫时间或扩散系数的 Laplace 变换。Ukkelberg 等(2010)将逆海森算法(ANAHESS)应用于(T_2，D)二维谱的反演中。该方法的不

足之处在于每次迭代都要经过一次线性搜索来确定步长，因而会影响到算法的效率。正则化类方法是目前二维核磁共振反演的主要方法，该方法又分为两类：罚函数正则化和子空间正则化。罚函数正则化能够对解的某些性质进行制约，精度较高，但是求解过程较慢；子空间正则化能够得到一个近似解，但是损失了精度，导致反演谱上往往有震荡产生。

正则化是求取使下式最小时的 s：

$$\arg\min_{s\geq 0} C(s)+\alpha R(s) \tag{1-1}$$

式中，$C(s)=\|f-sA\|^2$，$s\geq 0$；$C(s)$ 为拟合残差项，用于估计观测值 f 和理论值 sA 之间的误差；s 为待求的谱；A 为核矩阵；$R(s)$ 为惩罚项，即正则项。正则项有两个作用，一是用来约束解 s 的平滑性，二是使反演的病态性降低。其缺点在于可能会在结果中引入偏差：当 α 取的值使这两项相当时，偏差最小，此时的解在噪声存在的情况下是稳定的；当 α 比最优值小时，解将变得不稳定。

罚函数正则项通常包括如下 3 类内点罚函数：

$$R(s)=\begin{cases}\|s\|^2, & (\text{Modeule})\\ \|Ds\|^2, & (\text{Slope})\\ \|Ls\|^2, & (\text{Curvature})\end{cases} \tag{1-2}$$

式中，Modeule 为模平滑，即标准 Tikhonov 正则化；Slope 为斜率平滑；Curvature 为曲率平滑。

上述 3 种算法中，Modeule 项罚函数形式最容易实现，其假设二维谱具有模光滑性，也符合人们的认知。Honerkamp 等(1990)提出 Modeule 的求解方法，该方法简单易于实现，现已被广泛采用。Venkataramanan、Song 等(2002)提出的快速 2DLaplace 反演方法也是采用 Modeule 项罚函数形式。Kazufumi 等(2011)提出了一种具有二阶收敛特性的迭代充分条件进行寻优。Slope 项的斜率平滑正则化法和 Curvature 项的曲率平滑正则化法也分别被称为一阶、二阶 Tikhonov 正则化法。Provencher(1982)给出了斜率平滑和曲率平滑的求解方案。Aster 等(2013)给出了高阶 Tikhonov 正则化的求解方法。

除了对解的平滑性进行约束外，Chouzenous 等(2010)提出了一种对解的不确定性进行约束的罚函数方法，即最大熵法。其罚函数形式为：

$$R(s)=s\lg s \tag{1-3}$$

式(1-3)取得最小化等价于最大化谱的熵，因为该方法的罚函数为谱熵的相反数。该方法的优点是隐式地对谱的非线性进行了限制，将其转化为无约束问题进行求解，减少了因常规非负约束而增加的迭代计算量和不确定性。

罚函数中正则化因子的选取会影响到解的稳定性，因此，选取一个恰当的正则化因子 α 至关重要。Mallows 等(1973)在研究岭估计问题时，提出了预测最小平方误差的方法。Morozov 等(1984)提出了确定罚函数正则化因子的离差原理法。

该方法得到的正则解需要满足如下条件：

$$C(s)=\tau\|\sigma_{noise}\|^2 \tag{1-4}$$

式中，τ 为给定的实数；$\|\sigma_{noise}\|^2$ 为已知的噪声方差或其估计。

由于式(1-4)的右端已知，因此可以确定残差上限，从而求得正则化因子。Honerkamp 等(1990)在深入分析离差原理法后，提出了一种确定 α 的自洽方法。Hansen(1998)在交叉验证方法的基础上，提出了广义交叉验证的方法(GCV)。Day(2011)将该方法用于二维核磁共振数据的反演中。GCV 罚函数形式如下：

$$G(\alpha)=\left[\frac{\|sA-f\|}{\mathrm{trace}(AA^T-I)}\right]^2 \tag{1-5}$$

式中，分子为残差项，分母为矩阵的迹。

通过计算式(1-5)的最小值来求取 α。使用 GCV 方法有时会在最小值附近过于平坦，因而无法精确确定最小值。

Hansen 等(1993)提出了 L 曲线法，陈华(2009)将其用于核磁共振信号的反演处理中。Butler 等(1981)提出了 Butler-Reeds-Dawson(BRD)算法，利用循环迭代更新正则化参数。Venkataramanan 等(2002)关于核磁共振测量和数据分析方法的专利以及 Venkataramanan、Song 等(2002)提出借助张量积将分离的两个核合并成一个核的二维反演处理框架时，均采用了 BRD 算法。Chouzenoux 等(2010)将基于卡方分布的 x^2 估计法用于核磁共振数据处理时正则化因子的求取，该方法的不足之处在于运算量较大。

确定了正则化因子后，求解式(1-1)所代表的单变量最优化问题的方法主要有 Levenberg-Marquardt(LM)法、线性方程组求解(CONTIN)法、预条件共轭梯度(PCG)法、均匀惩罚(UPEN)法。LM 算法由 Levenberg(1944)提出，后由 Marquardt(1963)重新发现。该方法适用于 Curvature 项的曲率平滑正则化。CONTIN 法由 Provencher 于 1982 年提出，通过将原问题转化为最短路径问题，在实际运算中采用正交三角(QR)分解和奇异值分解(SVD)及相应的变换，在计算结果中，又做了反变换，最后求得归一化后的正则化函数的分布。SVD 分解限制该方法在二维反演中的应用。最大熵正则化与 BRD 算法类似，但过程较为复杂，其得到的二维谱中有更多的细节。PCG 法由 Golub(1989)提出，该方法在共轭梯度法中引入了预条件器以加快其收敛速度，其步长由 Majorize-Minimize(MM)算法确定。MM 算法是一种构造替代 L_1 目标函数的新目标函数 $Q_\varepsilon(\mu \mid \mu^k)$ 寻找优化问题的迭代算法。UPEN 方法由 Borgia 等提出，该方法可用下式描述：

$$\arg\min_{s\geqslant 0} C(s)+\alpha\cdot W\cdot R(s) \tag{1-6}$$

式中，参数意义与式(1-1)相同；W 为不同数据对应的权重。

该方法的不足之处在于需要待测样品的先验信息，否则无法得到较好的应用效果。

以上是针对罚函数正则化的一些研究进展，由于使用了全空间进行求解，罚函数方法极为耗时，需要大量的内存空间。子空间正则化是通过对核矩阵 A 进行一定的数学运算来将反演问题简化，在牺牲部分精度的前提下减小数据规模，以期大幅度提高运算速度。数值运算可借助奇异值分解进行。子空间法选择的奇异值数远小于矩阵的奇异值数，借助这种方法可得到一种精度不高、但信息可用的谱。奇异值的选取方法有截断奇异值分解（TSVD）和对称奇异值分解（SSVD）两种。TSVD 的优点在于可以获得大量的有用信息，不足之处在于，反演得到的谱上产生了小幅的抖动。顾兆斌（2007）、谭茂金（2011）等均采用 TSVD 方法选取奇异值进行二维谱反演。王为民等（2001）在使用 TSVD 时，提出了利用矩阵条件数小于 SNR 的限制，从而实现了对奇异值的选取，来避免解的不稳定性。相比于罚函数正则化显式或隐式的直接对解进行非负约束，子空间正则化一般借助迭代的方法进行约束。李鹏举等（2010）改进了 SVD 法，采用对系数矩阵加阻尼项的处理方法使其解稳定，应用迭代法进行非负约束。谭茂金等（2013）将最小二乘算法（LSQR）和 TSVD 结合起来，先在全空间引入 QR 分解求解最小二乘解，然后，将前者反演的结果作为 TSVD 的输入，进行处理。这种方法一定程度上减少了震荡。Stoica 等（2003）提出了选取奇异值的 SSVD 法。该方法通过傅里叶变换得到频率域的信号，然后再进行 SVD 分解，给定一个阈值，利用小于该阈值的奇异值来张成求解空间。这种方法的优点在于仅仅选择了合适的奇异值，因而数据的可靠性较高；不足之处在于，选取的奇异值往往是不连续的，使得子空间缺失了奇异值谱的部分频率成分，导致反演得到的谱会产生震荡。

三、核磁共振测井评价储层孔隙结构方法研究进展

目前，评价储层孔隙结构主要借助实验室压汞实验获取毛管压力曲线，该方法对岩心造成了损伤，不利于大规模开展。由于核磁共振技术具有无损伤、快速、经济等特点，因此，该方法日益成为评价孔隙结构方法的一个重要方式。

利用核磁共振测井评价储层孔隙结构始于 20 世纪 70 年代，Loren（1970）等首次尝试将岩心核磁共振测试 T_1 谱的结果和压汞曲线所得的岩心孔喉半径分布进行比对，发现二者有良好的对应关系。此后，Kenyon 等（1989）利用一组具有不同孔隙结构的砂岩样品核磁共振实验证实了利用 T_1 谱可以表征孔隙结构。Marschall 等（1995）采用线性转换方法建立了毛管压力曲线与核磁共振横向弛豫时间 T_2 谱之间的关系，评价了束缚水饱和度与渗透率。

Vinegar 等（1997）在研究利用低场核磁共振进行岩心分析时发现了和 Loren 等科学家得到的类似现象。Lowden 等（1998）对大量岩心数据分析得出，不同储层之间，T_2 与 P_c 的刻度因子需要单独刻度。Volokitin 等（1999）给出了一个校正油气影响的方法，该方法的不足之处是需要通过实验确定经验关系式中的参数，且

构造可动水谱时比较繁琐。

Ausbrooks 等(1999)对比缝洞型碳酸盐岩的毛管曲线与 NMR 曲线分析的孔隙分布，发现两者形状非常相似。高敏等(2000)以半渗透隔板的毛管压力资料为基础，直接拟合出了核磁共振测井中 T_2 几何均值与孔隙结构参数之间的关系。该方法受储层含烃影响较小，但受地区经验影响较大。Volokitin 等(2001)通过大量实验总结出了核磁共振 T_2 谱和毛管压力之间的转换关系，提出了可变刻度的思想，但是缺乏理论基础，只是一种经验公式，无法大规模开展应用。Altunbay 等(2001)提出了在油湿地层利用 NMR 曲线获取 P_c 的方法。运华云等(2002)利用冀东油田岩心样本进行核磁共振实验，通过利用 T_2 谱计算伪毛管压力曲线和利用压汞毛管压力曲线计算伪 T_2 谱，并研究核磁共振 T_2 谱和压汞毛管压力曲线相互转化的方法和有效性。

Glorioso 等(2003)根据岩心数据获得毛管压力与 T_2 之间的常数刻度因子，进而利用伪毛管压力求取含水饱和度。他们认为，在亲水地层中，非润湿相油气的 T_2 分布不受表面弛豫机制的影响，只与体弛豫和时间常数有关系，不能如实地反映地层孔隙大小。他们建议通过采用合适的采集参数来减少这种影响。但是，他们的这种做法与物理事实相去甚远。这种算法无非是减少了扩散作用的影响，对于校正油气影响的作用有限。刘堂宴等(2003)采用两种图形对比的方法，根据最大相似性原理，确定了 T_2 与 P_c 之间的转换系数，避开了确定弛豫参数和孔隙形状参数两个岩石特性参数这一实际应用中的困难。该方法适用于高孔隙度地层，在低孔隙度地层中应用效果不好。

阙洪培等(2003)设计了相关实验，实现了 Volokitin 等的校正算法。前述这些利用 T_2 谱直接转换 P_c 曲线的方法大多基于 NMR 获得的孔隙半径与 P_c 曲线获得的孔喉半径相关，而这种方法需要对每个岩心样品刻度得到 T_2 谱与 P_c 之间的刻度系数，从而限制了它的应用。为此，Thungsuntonkhun 等(2004)提出应用 NMR 流动单元技术评价 J 函数和毛管压力。何雨丹等(2005)提出了改进核磁共振 T_2 分布评价岩石孔径分布的幂函数方法，将薄膜束缚水对 T_2 分布的影响消除，利用自由水 T_2 分布构造毛管压力曲线，岩心实验对比显示利用该方法构造的毛管压力曲线精度上有明显提高。但是，该方法不能用于连续转换毛管压力曲线，且没有考虑储层含气的影响。Ouzzane(2006)、Clerke(2007)等提出在孔洞型碳酸盐岩中也可用 T_2 谱重建毛管压力曲线，刻度系数的选取原则是使 T_2 转化的毛管压力与实测毛管压力曲线的排驱压力相吻合。Tong 等(2006)将砂泥岩的激发极化衰减曲线转换成弛豫时间谱，然后利用弛豫时间谱评价毛管压力曲线、孔隙分布和渗透率。

毛志强等(2007)通过实验证实含有轻质油的低渗透储层中，低黏度的轻质油会展宽 T_2 谱，如果不进行油气校正，得到的 T_2 谱不能用于评价储层的孔隙结构。此后，邵维志等(2009)提出了利用二维等面积法计算 T_2 谱与压汞曲线之间的刻度转换系数，提高了计算得到的伪毛管压力曲线与实验室压汞测得的毛细管压力曲线的一致性，建立了转换系数与现场核磁共振测井参数的函数关系，达到了利用现场核磁共振测井数据获得定量、连续的伪毛管压力曲线和孔隙结构特征曲线的目的。不足之处在于该方法的坐标转换系数是建立在100%含水岩心基础上，没有考虑储层含烃的影响。刘春杨等(2010)通过建立核磁共振 T_2 谱最大弛豫时间 T_{max} 预测岩石的排驱压力模型，利用对数和线性拟合关系，采用分段的方法构造毛管压力曲线。该方法解决了现场很难准确获取渗透率资料的难题，在油田现场易于实施。王学武等(2010)提出了同时考虑非线性和压汞进汞饱和度不足100%而进行拟合的方法，将 T_2 分布转化为孔隙分布，并且得到了转化系数的经验公式。分析了两种方法的差异，并通过实验对方法的可靠性进行了验证。Grunewald 等(2011)借助数值模拟和实验室验证的方法，系统研究了孔隙大小和地层磁化率对 T_2 分布的影响，确定了 T_2 弛豫对孔隙大小敏感的条件，研究表明：对于低磁敏感性材料，T_2 对于孔隙大小有高的灵敏度；但是，随着敏感性增加，灵敏度降低，T_2 谱受到相干效应控制，孔隙较大时尤为明显。Arogun 等(2011)针对深水浊积的尼日利亚油田，运用 NMR 测井数据求取毛管压力曲线，并与从特殊分析(SCAL)和毛管压力曲线获得的饱和度模型对比，获得了较好的效果。Gao 等(2011)指出，在碳酸盐岩中，原生孔、次生孔发育，孔隙喉道关系不可靠，不能用单一的刻度因子将 T_2 谱转化为毛管压力曲线，并提出用径向基函数的方法建立全部 T_2 分布与毛管压力曲线之间的关系，而不是峰值间的关系，提高了转化方法的稳健性。

肖亮等(2012)通过对我国四川盆地安陆地层须家河组致密储层岩心样本的核磁共振实验数据的分析，提出了联合 J 函数的 SDR 模型，利用核磁共振 T_2 谱构造毛管压力曲线的方法。刘天定等(2012)提出了消除致密砂岩储层微孔隙对 T_2 分布的影响后，研究了剩余 T_2 分布与毛管压力曲线之间的关系，得到了转化系数经验公式。肖飞等(2012)通过对比含烃储层中伪毛管压力曲线计算孔隙结构参数的误差与含油饱和度曲线发现，用含油饱和度能有效消除储层含烃的影响。对比 T_2 几何平均值拟合法与消除含烃影响后的伪毛管压力曲线转换法发现，二者有良好的一致性，能够表征孔隙结构，但是该方法只是将含油饱和度作为经验公式的一个参数，具有地区经验性，不便于推广应用。张晋言等(2012)将 Volokitin 等(1999)的校正算法应用到了东营北部深层砂砾岩轻质油气藏孔隙结构评价中。Eslami 等(2013)提出了核磁共振测井数据结合常规测井数据，利用模糊判别方法，构造伪毛管压力曲线的方法，这种方法具有经济方便的特点。胡法龙等(2014)提出了一种借助正演饱含水时回波串信号后再反演得到 T_2 谱的方法来校正油气影响。

四、核磁共振测井储层流体识别技术研究进展

利用核磁共振测井技术识别储层流体主要利用的是不同流体之间核磁共振性质的差异，现在已经发展出了多种方法。

Akkurt 等(1995)在研究含气储层时提出了差谱法(DSM)和移谱法(SSM)，前者利用流体纵向弛豫时间 T_1 的差异识别评价流体，适用于轻质油和天然气储层的识别；后者利用流体扩散系数的差异识别流体，适用于中等黏度油及天然气储层的识别。随后，Looyestijn(1996)改进了移谱法，提出了扩散分析法(DIFAN)，先反演出两个回波间隔不同的回波串的 T_2 谱，然后通过 T_2 谱自由流体部分的几何均值与扩散系数的交会图来求取自由流体的饱和度。Akkurt 等(1997)改进了差谱法，提出了时域分析法(TDA)，即先将两个回波串相减，然后再反演 T_2 谱。Akkurt 等(1998)提出了增强扩散法(EDM)，该方法利用流体扩散性质的差异，可以在 1~50mPa·s 的黏度范围内定性识别、定量计算油的含量。Freedman(2001)等提出了磁共振流体特征法(MRF)，该方法以多流体弛豫模型和组分黏度模型(CVM)为基础，对 6 组不同等待时间、回波间隔及回波个数的 CPMG 回波串数据进行反演，分离各种流体的 T_2 谱，计算各种流体的饱和度和油的黏度。该方法的优点是避免了差分算法因为原油对 T_2 谱的展宽作用引起的油、水 T_2 谱的重叠，其缺点在于当原油黏度较高时，其扩散弛豫可以忽略，多流体弛豫模型反演精度较低。此后，2002 年美国贝克·阿特拉斯公司推出了偏心型的总孔隙度核磁共振测井仪器 MREx，并于 2003 年和 2004 年针对其仪器特点推出了两种流体识别方法，多 T_W 多 T_E(MGTE)法和多回波串同时反演(SIMET)法。二者在实际应用中均有一定的有效性，其不足在于前者适用于轻到中等黏度的原油的识别，且要求油水信号的 T_2 谱不发生重叠，后者必须和其他测井方法相结合才能有较好的效果。Sun 等(2003，2005)在研究核磁共振测井数据反演过程中，提出了编辑 T_2 谱流体识别法(FET)和全局反演流体识别法(GIFT)两种计算流体饱和度的方法，二者的区别在于前者利用反演后的视 T_2 谱来计算流体饱和度，而后者利用多个回波串来计算流体饱和度。王忠东等(2001)、肖立志等(2003)系统地介绍了 TDA、DIFAN 两种方法，并结合油田现场实践进行了有效性分析。邵维志等(2009)尝试利用一维视 T_2 谱的数学形态来识别储层流体。李鹏举(2010)综合 CPMG 和扩散编辑(DE)脉冲序列，提出了不同储层流体 T_2 谱分离的方法。谢然红等(2011)对核磁共振测井 TDA 法进行了数值模拟，研究了其适用条件，分析了相关的影响因素。随后，刘洋等(2012)进一步对 TDA 法的影响因素进行了研究，分析了该方法的适用性。除上述一维核磁共振流体识别方法外，还有将一维核磁共振和其他测井方法结合的方法(如 MRIL 数据和深电阻率测井数据相结合的 MRIAN 方法)，核磁共振测井和中子密度测井

相结合的 DMR 方法，核磁共振测井和声波测井数据相结合的 SMR 方法，核磁共振测试和现场核磁共振测井相结合的方法，等等。

由于油、气、水的 T_2 谱经常重合，因此，单单依靠一维核磁共振测井得到的信号难以将三者区分开来。此外，单纯依靠一维谱在精度和效率上都存在明显的不足。二维核磁共振技术应运而生。其通过增加信息量，解决了流体识别的问题。Sun 等(2002)及 Hürlimann 等(2002)借助采集多组变回波间隔的核磁共振回波串数据，反演后得到 T_2-D 二维核磁共振谱。该方法对于识别 T_2 谱重叠而扩散系数有差异的流体有明显优势。用 T_2-D 二维谱可以快速、精确地对水、油等不同成分进行区分，进而得到饱和度、润湿性等数据。Hursan 等(2005)提出利用纵向弛豫时间 T_1 和视横向弛豫时间 T_2 的比值 T_1/T_2 和 T_2 进行二维核磁共振测井，识别气层和凝析气层。该方法能够对烃的类型进行区分，并确定天然气储量。谢然红等(2005，2009)通过数值模拟研究了 T_2-T_1、T_2-T_1/T_2、T_2-D 等二维核磁共振技术，并将其用于储层流体识别中。

第二章　核磁共振测井基本理论

第一节　核磁共振测井的物理基础

一、核磁共振测井简介

由于核磁共振测井技术在物理基础上具有只探测储层流体内氢原子核 H^1 的独特优势。这项技术自问世以来就在全球范围内得到广泛关注，且其应用范围不断扩大。核磁共振测井所提供的独特信息，极大得增加了测井地层评价的能力。核磁共振是原子核对磁场作出的一种响应，该现象于 1946 年被美国哈佛大学的 Purcell 和斯坦福大学的 Bloch 两人分别独立发现。随后，Varian 证实原子核在地磁场中同样存在自由进动，并发明了 NMR 磁力仪用于测量地磁场的强度。20 世纪 50 年代中期，Varian 联合石油公司尝试将磁力仪用于地球物理测井中。1956 年，Brown 和 Fatt 在 Chevron 公司研究室发现，当流体处于小空间时，其 NMR 弛豫时间与自由状态相比显著减小。Chevron 公司的 Brown 和 Gamson 于 1960 年研制出了利用地磁场的核磁测井仪器样机。

早期的核磁测井仪器对快弛豫组分的灵敏度较低，其测量过程耗能高，不能和其他测井仪器组合使用。由于采用天然磁场的缘故，需要在钻井液中添加磁粉消除井眼流体产生的磁共振信号，因而会影响到钻井施工。这些问题限制着核磁共振测井技术在储层评价中的推广应用。1978 年，Inside-out 技术的出现使核磁共振测井真正实现了大规模的商业化应用。基于 Inside-out 技术开发的核磁共振测井仪器分别于 1980 年和 1983 年在 Los Alamos 实验室完成了设计制造，并在休斯顿大学的 API 实验井中完成测试，极大地推动了核磁共振测井技术的发展。随着磁共振成像概念的提出和日益完善，1983 年成立的 NUMAR 公司于 1988 年推出了满足实用化需求的全新磁共振成像仪器(MRIL)。1990 年，该仪器成功投入商业服务，并迅速在全球范围内得到认可。此后，核磁共振测井仪器不断改进。目前，世界三大测井服务公司投入商业应用的代表性核磁共振测井仪器的分别为：CMR(斯仑贝谢)、MRIL-P(哈里伯顿)、MREX(贝克休斯)。除上述公司外，俄罗斯也研发出了商业化的大地磁场型系列核磁测井仪 яMK923，并投入油田使用。在俄罗斯的许多油田，核磁共振测井被列为必测项目，它已成为重要的勘探测井方法和有效的开发测井手段。

在我国，吉林大学的梅忠武、李舟波教授最早介绍了核磁共振测井的原理与方法，并出版了相关译著。长江大学高守双教授及其学生最早开展了岩石孔隙度的核磁共振实验室测量工作。在20世纪90年代初期，国外的核磁测井工作全面启动之时，肖立志教授在中国科学院武汉物理与数学研究所波谱与原子分子物理国家重点实验室对岩石样品的核磁共振性质进行了全面、系统、深入的研究。在核磁测井的基础实验和应用研究方面，中国石油天然气集团公司、中国科学院渗流力学所高级工程师王为民，中国石油勘探开发研究院核磁共振实验室高级工程师王绍民，以及中国科学院武汉物理与数学研究所、江汉测井研究所、华北测井公司、中油测井公司、辽河油田、大港油田、大庆油田、新疆油田等单位的科研人员都开展了大量的研究工作，为核磁测井在中国的应用奠定了一定的基础。在仪器方面，我国从1996年开始引进核磁共振测井仪器。中油测井技术服务有限公司和华北测井公司最早引进了Numar/Halliburton公司的MRIL-C型核磁共振成像测井仪器。后来，我国各测井公司陆续引进了多套核磁共振测井仪器。在国家科技部的支持和推动下，我国目前已经具备了研制、生产具有自主知识产权的核磁共振测井仪器的技术与能力。核磁共振测井技术对我国复杂油气藏测井评价以及石油测井技术本身的发展都发挥了积极作用。例如，它提供的地层信息的丰富性，远多于其他任何单项测井方法；在复杂岩性储层、特殊岩性(如砂砾岩、火山岩等)储层中，核磁共振测井常常是少数几种有效的重要测井方法之一；在束缚水引起的低阻油气藏中，核磁共振测井是必不可少的测井方法；核磁共振测井是迄今为止唯一能够提供比较合理的地层渗透率的测井方法；对于深部气层，当天然气孔隙体积比较大时，核磁共振测井的显示十分明显；在稠油及水淹层中，核磁共振测井有一定的经验关系存在；核磁共振测井对原油黏度及毛管压力曲线等信息也有较好的反映(肖立志，2007)。

二、核磁共振现象

实验表明，自旋量子数不为零的原子核有磁矩μ。这类原子核在磁场中能够受到磁场的作用而发生核磁共振现象。原子核的磁矩μ和自旋角动量P的比值称为旋磁比，用γ表示：

$$\gamma=\mu/P \tag{2-1}$$

核磁共振测井探测来自储层流体中氢原子核H^1的信号。氢原子核H^1的自旋量子数为1/2，对磁场最为敏感。氢原子核H^1的自旋轴和外加磁场的方向成一定角度，在自旋过程中，其受到外力矩的作用。这种外力矩使得氢原子核围绕外加磁场方向进动。假设氢原子核H^1进动的角频率为ω，则外加磁场强度H_0、角频率ω和旋磁比γ的关系可用下式进行描述：

$$\gamma = \omega / H_0 = 2\pi v / H_0 \tag{2-2}$$

式中，v 为氢原子核的进动频率，该进动频率由拉莫尔方程确定。外加磁场相同时，不同原子核的进动频率不一样；相同原子核，外加磁场不同时，其进动频率也不相同。

核磁共振是共振现象的一种。共振是宇宙间普遍存在的自然规律。所谓共振，是指物体振动过程中受外界激励时，若激励频率接近于物体固有频率，则物体趋于从周围环境吸收更多能量的趋势。发生共振时，物体振动的幅度往往达到非常大的值。核磁共振同样需要满足共振的频率条件。当氢原子核 H^1 围绕着磁场方向以一定的角速度进动时，如果在垂直磁场方向上加一个小的交变磁场，其磁场强度为 H_1，频率为 f。当 $f=\gamma$ 时，氢原子核 H^1 就会发生共振现象，这就是核磁共振现象。当磁场强度固定时，由式(2-2)可以计算发生核磁共振时需要的交变磁场频率。

以上考察的是单个氢原子核 H^1 的核磁共振现象。由于原子核本身带有正电荷，根据电生磁理论可知，原子核自旋过程中会有磁场产生。大量原子核自旋，单个核磁矩取向是杂乱的，宏观表现是没有磁性的。有外磁场存在时，在外力矩作用下经过一段时间后，单个核磁矩方向慢慢趋向一致，宏观上产生一个净的磁化矢量和，表现出磁性。单位体积内核磁矩的和称为宏观磁化矢量。宏观磁化矢量从零开始，在外磁场作用下和外磁场方向保持一致的过程称为极化，所需的时间称为极化时间。发生核磁共振时，宏观磁化矢量的方向会在瞬间被“扳倒”，变成和交变磁场方向一致。交变磁场撤销后，在外磁场作用下，宏观磁化矢量又会重新变得和外磁场方向一致。宏观磁化矢量从“扳倒”到恢复和外磁场保持一致的过程称为弛豫，所需的时间称为弛豫时间。弛豫又分为横向弛豫和纵向弛豫，横向弛豫是指宏观磁化矢量在交变磁场方向上的分量，而纵向弛豫是宏观磁化矢量在外磁场上的分量，二者代表不同的物理内涵。前者又称为自旋-自旋弛豫，该过程是自旋之间交换能量和角动量，自旋系统的总能量没有发生变化；后者又称为自旋-晶格弛豫，在此过程中自旋系统把共振时吸收的能力释放了出来，自旋系统的总能量减少。二者所需的时间分别成为横向弛豫时间 T_2 和纵向弛豫时间 T_1。

三、岩石孔隙中流体的核磁共振弛豫机理

岩石孔隙中流体的弛豫时间相比自由状态下大大减少。孔隙中流体的弛豫时间与岩石类型、流体性质、孔径几何特征、静磁场均匀性、组分或颗粒的磁性差异等因素有关，非常复杂。就致密砂岩储层而言，岩石孔隙中的流体存在三种弛豫机制：体弛豫 T_B、表面弛豫 T_S、扩散弛豫 T_D。孔隙流体的纵向弛豫过程受自由弛豫和表面弛豫两种机制控制，横向弛豫过程则受到自由弛豫、表面弛豫、扩

散弛豫 3 种机制的控制。分子扩散使各种弛豫机制相结合，弛豫速率加快。在满足快扩散的条件下，总的弛豫速率是单个弛豫机制引起的弛豫速率的和，单个孔隙仍表现出单指数弛豫规律：

$$\frac{1}{T_2}=\frac{1}{T_{2B}}+\frac{1}{T_{2S}}+\frac{1}{T_{2D}} \tag{2-3}$$

$$\frac{1}{T_1}=\frac{1}{T_{1B}}+\frac{1}{T_{1S}} \tag{2-4}$$

体弛豫又称自由弛豫，是处于自由状态的流体的核磁共振弛豫机制，反映了流体本身的核磁共振性质。当流体分子与岩石颗粒表面不能直接接触，流体中含有大量顺磁物质或者流体黏度特别大时，孔隙流体的体弛豫将不可忽略。例如，当水处于非常大的孔隙中——碳酸盐岩石溶洞中时，极少与颗粒表面接触。当油存在于水润湿性岩石孔隙中时，体弛豫成为影响油的 T_2 和 T_1 的重要因素。气体在岩石孔隙中总是非润湿相，弛豫机制只有自由弛豫和扩散弛豫，没有表面弛豫的影响。当孔隙流体中顺磁离子浓度很高时，由于其核自旋周围的局部场很大，也以体弛豫为主。当钻井液中含有氯、锰、铁、镍或其他顺磁性离子时，必须进行体弛豫校正。岩石骨架中的氢原子核 H^1(如石膏等矿物中的结晶水)，也能够产生核磁共振现象，但需要非常长的极化时间，横向弛豫时间 T_2 又非常短，在测量时几乎探测不到来自岩石骨架氢原子核 H^1 的信号。此外，流体黏度特别大时(如稠油)，分子向颗粒表面扩散的能力也大大减小，其体弛豫也不可忽略。

流体分子无时无刻不在做布朗运动，而布朗运动导致流体分子的扩散。分子的扩散速率受流体分子类型、温度、磁场均匀性等因素的影响。如果流体相对岩石来说是润湿相，在核磁共振测量期间，扩散作用会使得流体分子和岩石孔隙表面颗粒分子发生多次碰撞。在碰撞的过程中流体分子会把自旋的能量传递给岩石孔隙表面颗粒并发生散相，从而对横向弛豫时间 T_2 和纵向弛豫时间 T_1 产生影响。目前的研究表明，在绝大多数岩石中，表面弛豫是影响 T_2 和 T_1 的最重要因素。表面弛豫可以用如下公式进行描述：

$$\frac{1}{T_{1S}}=\rho_1\frac{S}{V},\ \frac{1}{T_{2S}}=\rho_2\frac{S}{V} \tag{2-5}$$

式中，ρ_1 和 ρ_2 分别为岩石孔隙表面颗粒的纵、横向表面弛豫率；S/V 为相对表面积。

颗粒的表面弛豫率是影响表面弛豫的最重要因素。不同的岩石类型，其表面弛豫率不同，砂岩的表面弛豫率是碳酸盐岩的 4 倍。含有顺磁物质的岩石也比普通岩石有更大的表面弛豫率。由式(2-5)可知，相对表面积与表面弛豫成反比关系。因此，表面弛豫率越高，相比表面积越大，其表面弛豫衰减得越快。孔隙流体的弛豫主要受表面弛豫的影响。

当有外加梯度磁场或内部梯度磁场存在时，岩石孔隙中的流体分子扩散会产生除体弛豫和表面弛豫以外的散相，导致横向弛豫时间 T_2 衰减大大加快，这种增强的 T_2 弛豫称为扩散弛豫。这种弛豫只对 T_2 有影响，对 T_1 没有影响。扩散弛豫可用下式进行描述：

$$\frac{1}{T_{2D}}=\frac{(\gamma G T_E)^2 D}{12} \tag{2-6}$$

式中，γ 为旋磁比；G 为磁场梯度；T_E 为回波间隔；D 为回波间隔。

内部磁场梯度是由于岩石骨架颗粒与流体分子的磁化率差异造成的。在外磁场作用下，骨架和孔隙流体分界面处会产生磁场梯度。此时，内部磁场梯度 G 可用下式进行描述：

$$G=H_0\frac{\Delta\chi}{r} \tag{2-7}$$

式中，G 为内部背景梯度磁场；H_0 为外加磁场梯度；$\Delta\chi$ 为骨架颗粒与孔隙流体之间磁化率的差；r 为孔隙半径。

当 r 很小时，这个背景梯度可能很大，甚至远超过仪器建立的磁场梯度。r 对孔隙的几何结构有相当的依赖性，在地层岩石中往往很难确定。

就润湿相流体而言，其弛豫包括体弛豫 T_B、表面弛豫 T_S、扩散弛豫 T_D，而对于非润湿相流体来说，其弛豫包括体弛豫 T_B 和扩散弛豫 T_D。对于地层水而言，因为大部分岩石都是亲水的，表面弛豫 T_S 在地层水弛豫中起主要作用；对于气体来说，由于气体的分子扩散系数比较大，其弛豫以扩散弛豫 T_D 为主；对于中等黏度的油和轻质油来说，弛豫以体弛豫 T_B 和扩散弛豫 T_D 为主；对于重油来说，弛豫以体弛豫 T_B 为主。在亲水岩石中，孔隙中油、气、水的弛豫机制表 2-1所示。

表 2-1　亲水岩石孔隙流体的核磁共振弛豫机制(据 Kleinberg and Boyd，1997 年)

含有物		T_1/s	T_2/μs	T_1/T_2
矿物中的氢核		10~100	10~100	~10^6
地层水	碎屑岩储层	表面弛豫	表面弛豫	~1.5
	孔洞型储层	体积弛豫	体积弛豫/扩散弛豫	$T_1>T_2$
原油	中质油到重油	体积弛豫	体积弛豫	$T_1=T_2$
	轻质油	体积弛豫	体积弛豫/扩散弛豫	$T_1>T_2$
天然气		体积弛豫	扩散弛豫	$T_1\geqslant T_2$

第二节　核磁共振测井的测量原理

核磁共振的测量对象是宏观磁化矢量及其变化过程。在核磁共振测井中测量核磁弛豫的方法主要有自由感应衰减法、自旋回波法、反转恢复法等。自由感应衰减法在井下测量简单易行；自旋回波法可以消除由于扩散而对测量结果带来的误差，使结果更为准确可靠，并且提高了信噪比。

一、自由感应衰减的测量

对于自由感应衰减的测量通常采用射频脉冲法或预极化法。这两种方法的核心都是将完全极化后样品的宏观磁化矢量瞬间转 90°，激发自由进动信号，在外磁场方向上的接收线圈内会测量到随时间衰减、频率为拉莫尔频率的信号，称为自由感应衰减信号(FID)，如图 2-1 所示。二者的不同之处在于前者样品的极化受外磁场作用影响，后者的极化受预极化磁场作用影响。

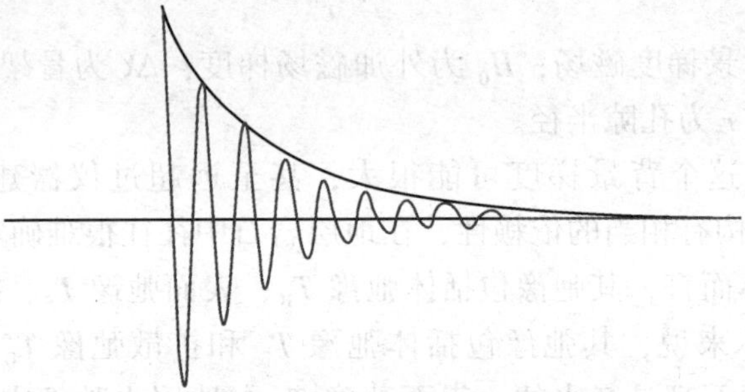

图 2-1　FID 信号(据胡法龙，2007)

当静磁场不均匀时，宏观磁化矢量 M_0 的水平分量 M'_0 将按有效横向弛豫时间 T_2^* 确定的速率呈指数衰减，即：

$$M'_0 = M_0 \exp\left(-\frac{t}{T_2^*}\right) \tag{2-8}$$

有效横向弛豫时间 T_2^* 与实际 T_2 的关系为：

$$\frac{1}{T_2^*} = \frac{1}{T_2} + \gamma\frac{\Delta H_0}{2} \tag{2-9}$$

式中，ΔH_0 为静磁场的梯度，反映了静磁场 H_0 的不均匀性。静磁场的不均匀度使核磁共振信号展宽，导致 FID 信号衰减加快。

二、横向弛豫时间 T_2 的测量

横向弛豫时间 T_2 测量时采用自旋回波法。自旋回波法采用的是 CPMG 脉冲序列，其基本原理是发射一个 90°脉冲，测得一串回波信号，回波信号的包络线就是弛豫信号。这种方法可以克服磁场不均匀性的影响，适用于弱磁场条件下核磁共振信号的测量。因为磁场的不均匀性是绝对的，均匀性是相对的，自由感应

衰减测量的 T_2 会受到磁场非均匀性的影响，尤其是地层中存在顺磁物质时，则影响更为严重。

具体操作时，先在外磁场 H_0 的垂直方向上施加一个90°的脉冲，把磁化矢量 M_0“扳倒”90°。当90°脉冲作用完后，在自旋-自旋弛豫作用和磁场非均匀性的影响下，各个微小的磁矩开始逐渐出现相位的分散，造成横向分量减小，经过一段恢复时间 τ，再施加一个180°的脉冲，此时磁矩在这一脉冲的作用下绕极化场方向翻转180°，弛豫快的分量变成了滞后分量，而弛豫慢的分量因翻转作用而成为超前分量。这样再经过时间 τ，分散的磁矩又会重聚在一起，形成一个很强的自旋回波信号。自旋回波脉冲序列可以表示为 $(90°-\tau-180°-\tau-\text{echo})_n$，如图2-2所示。

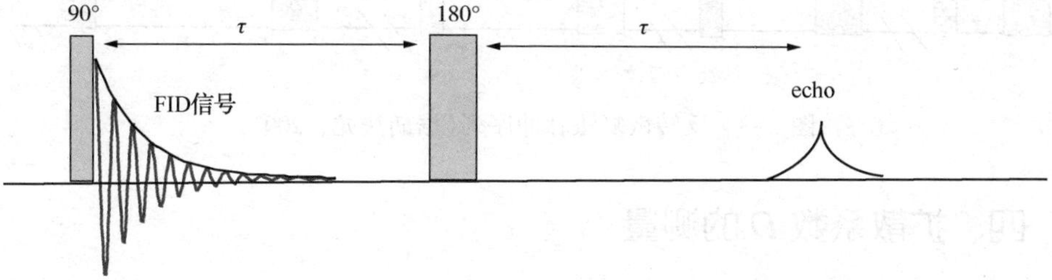

图2-2　自旋回波脉冲序列(据胡法龙，2007)

利用自旋回波脉冲序列测量 T_2，每次需要改变时间间隔 τ，通过使用一系列不同间隔 τ_1，τ_2，τ_3，…，τ_n，可以测量到一组幅度各不相同的自旋回波信号。当被测量的横向弛豫包含多个单指数衰减时，CPMG回波串幅度的包络线将是多指数的和，并且可以分解出不同的指数成分。实际核磁共振测量时，需要将多次测量的一系列CPMG回波串累加起来以提高信噪比。在多次累加时，两次连续测量之间的时间延迟称为等待时间(T_W)。如果脉冲间隔足够小，测量的 T_2 可以有效消除扩散和磁场非均匀性的影响，并提高对短弛豫组分的识别能力。但是每个回波串采集完成后，必须等待足够的时间 T_W 使纵向磁化矢量完全恢复，才能开始下一个回波串的采集，所费时间比较长。T_W 的选取取决于观测对象的纵向弛豫时间 T_1，通常取 $T_W=(3\sim5)T_1$。此外，分子扩散也会引起信号损失，使回波幅度小于应有的高度，当 τ 比较长时，该现象会更加明显，所测量的曲线就会失真，测量的横向弛豫时间 T_2 将偏小。

三、纵向弛豫时间 T_1 的测量

纵向弛豫时间 T_1 通常采用反转恢复法进行测量，其脉冲序列如图2-3所示。初始宏观磁化矢量 M_0 沿外磁场方向 H_0，施加一个与 H_0 完全反向的180°脉冲使

M_0 反转。之后，Z 方向的纵向磁化矢量 M_Z 受纵向弛豫作用按 $1/T_1$ 的速度向 M_0 恢复；经过 τ 时间后，将 M_Z“扳倒”180°，记录自由感应衰减信号 FID。当 M_Z 恢复到 M_0 后重复以上步骤，改变延迟时间 τ，多次测量可得到 $M_Z(\tau_1)$，$M_Z(\tau_2)$，$M_Z(\tau_3)$，……取足够长的 τ(通常大于 $5T_1$)，可得到 $M_Z=M_0$。当对磁化矢量做一系列不同 τ 值的观测时，$M_Z(\tau)$将按以下规律变化：

$$M_Z(\tau)=M_0\left[1-2\exp\left(-\frac{\tau}{T_1}\right)\right] \tag{2-10}$$

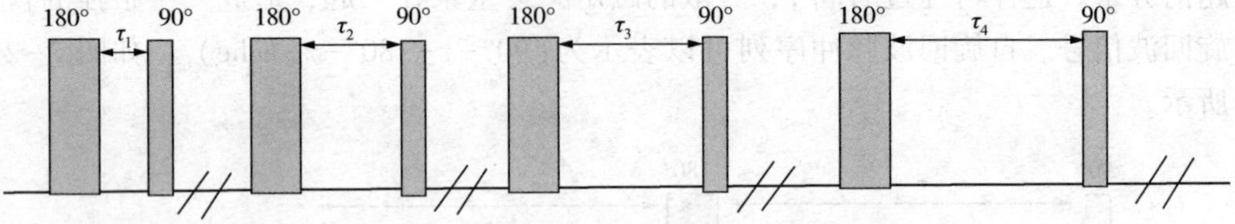

图 2-3　反转恢复法脉冲序列(据胡法龙，2007)

四、扩散系数 D 的测量

测量扩散系数 D 的方法是在施加一个较大的梯度场，同时加大回波间隔 T_E，使得扩散弛豫起主要作用，表面弛豫和体弛豫都忽略不计。此时，CPMG 脉冲序列测得的横向弛豫时间 T_2 为：

$$\frac{1}{T_2}=\frac{1}{T_D}=\frac{D(\gamma G T_E)^2}{12} \tag{2-11}$$

回波幅度为：

$$M(t)=M_0\exp\left(-\frac{t}{T_{2D}}\right) \tag{2-12}$$

在已知磁场梯度 G 时，可求出扩散系数 D。利用不同回波间隔的多组 CPMG 回波串，可同时求得横向弛豫时间 T_2 和扩散系数 D。

五、二维核磁共振测井脉冲序列

二维核磁共振测井在一维核磁共振测井的基础上，通过增加第二个变量(纵向弛豫时间 T_1 或扩散系数 D)，可更为充分地利用核磁共振测量的信息。二维核磁共振测井不需要设计新的脉冲序列，利用常规 CPMG 脉冲序列，通过改变回波间隔 T_E 或等待时间 T_W 采集一系列自旋回波串，借助地球物理反演方法就可得到二维核磁共振测井 T_2-D 或 T_2-T_1 分布。多回波间隔 T_E 和多等待时间 T_WCPMG 脉冲序列示意图如图 2-4、图 2-5 所示。

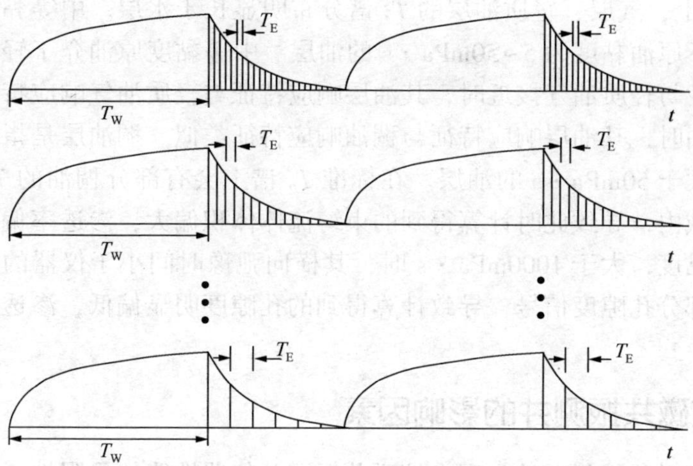

图 2-4　多回波间隔 T_ECPMG 脉冲序列（据肖立志等，2012）

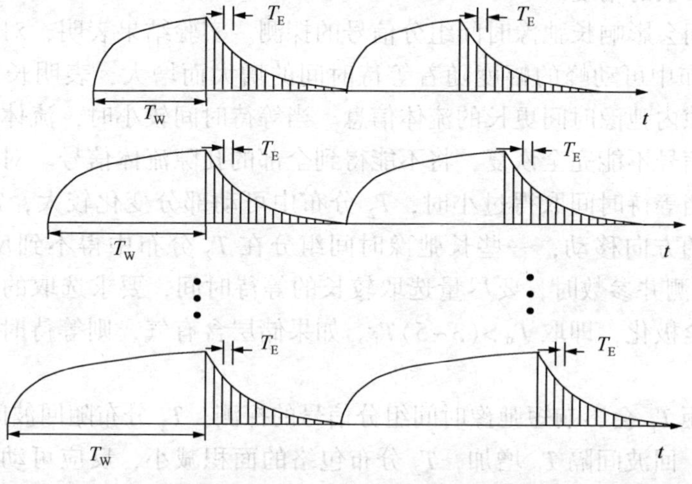

图 2-5　多等待时间 T_WCPMG 脉冲序列（据肖立志等，2012）

第三节　核磁共振测井的曲线特征及影响因素

一、核磁共振测井的曲线特征

对于亲水岩石，水层的核磁共振响应受孔隙结构的影响。核磁共振测井资料标准 T_2 谱的分布反映孔隙孔径的分布。孔径越小，则 T_2 分布越短；孔径越大，则 T_2 分布越靠右。轻质油气层是指在地层条件下原油黏度小于 5mPa · s 的油层。

在标准 T_2 谱上，气层、轻质油层的 T_2 谱分布明显长于水层。中等黏度油层是指在地层条件下原油黏度为 5~50mPa·s 的油层。中等黏度原油介于轻质油与稠油之间，当黏度与轻质油气接近时，其油层响应特征与轻质油气响应特征类似；当黏度靠近稠油时，其油层响应特征与稠油响应特征类似。稠油层是指在地层条件下原油黏度大于 50mPa·s 的油层。在标准 T_2 谱上会有部分稠油的 T_2 谱分布在束缚流体区域内，导致此时计算得到的束缚流体体积偏大，渗透率偏小。当稠油进一步增大黏度，大于 1000mPa·s 时，其横向弛豫时间小于仪器的死时间，此时，会损失部分孔隙度信号，导致计算得到的孔隙度明显偏低，渗透率明显低于水层。

二、核磁共振测井的影响因素

由于探测对象的复杂性和现有核磁共振测井仪器性能的局限性，核磁共振测量结果会受到诸多因素的影响，合理分析各种影响因素将有助于提高核磁共振测井评价储层参数的精度。

等待时间会影响长弛豫时间组分信号的探测。实验结果表明，对于饱和水的岩心，T_2 分布中可动峰的幅度随着等待时间的增大而增大，表明长等待时间可测到较大孔隙内弛豫时间更长的流体信息。当等待时间较小时，流体中的长弛豫时间组分的信号不能完全恢复，将不能得到全部的孔隙流体信号。对于中高孔隙度的岩石，当等待时间取得过小时，T_2 分布中可动部分变化较大，T_2 分布向弛豫时间减小的方向移动，一些长弛豫时间组分在 T_2 分布中得不到反映。因此，在选取 NMR 测井参数时，要尽量选取较长的等待时间，要求选取的等待时间能够使氢核完全极化，即取 $T_W>(3\sim5)T_1$。如果储层含有气，则等待时间应根据实际适当延长。

回波间距 T_E 会影响短弛豫时间组分信号的探测。T_2 分布随回波间隔 T_E 增加而向右移动。回波间隔 T_E 增加，T_2 分布包络的面积减小，反应可动流体的能力下降。对于致密砂岩储层，当回波间隔 T_E 值过大时，T_2 分布范围变窄而右移，部分小孔隙的信息丢失。因此，在实际测井中，测量地层孔隙度时要求回波间隔 T_E 尽可能小，以获得更多的地层流体信息。

原油黏度与 T_2 弛豫时间成反比，即黏度越小，弛豫时间越长；黏度越大，弛豫时间越短。所以，在油、水共存时，稠油或重质油的弛豫信号会与水的信号发生叠加，导致有效孔隙度、自由流体饱和度、含油饱和度等测量参数偏低，因此在实际核磁共振测井解释中应考虑原油黏度的影响。

顺磁物质的存在会导致岩样的 T_2 谱明显向弛豫时间减小的方向移动。当顺磁离子达到一定浓度时，可动峰的 T_2 分布移动到与束缚水的 T_2 分布相重合的位置，甚至移到仪器无法探测到其信号的位置，此时利用核磁共振测量计算得到的孔隙度将会明显偏小。

钻井液矿化度上升时，电阻率下降，会减小仪器电子线路的增益，明显降低射频线圈的 Q 值。同时，仪器输出电路的传输系数会减小，射频线圈中射频脉冲的电压会下降。井眼泥浆电阻率越小，对射频脉冲的衰减越严重，负载效应会变得很强，测量模式将受到限制。此时，应使用泥浆排除器，增加品质因素，提高增益，提高信噪比，增加仪器的安全测量范围。随着钻井液电阻率的下降，信噪比也会降低。为了补偿信噪比的下降，此时应放慢测井速度，并对信号进行多次叠加。为了减小泥浆导电对 T_2 谱的影响，有必要适当调整钻井液的盐分含量，尽量减小钻井液的电导率。

温度和扩散的耦合时对 T_2 截止值影响很大。首先，温度越高，流体会膨胀，增加了可流动性和弛豫时间。其次，温度越高，可以排列取向的质子数目减小，热膨胀效应使氢原子间的平均距离增大。此外，温度上升，磁场强度减小。不同岩性之间，T_2 谱有很宽的敏感区。体弛豫正比于温度，反比于流体黏度。温度对于表面弛豫的影响取决于岩石的磁化成分和流体类型。表面弛豫率随温度的增加而增加，井温增加，磁体温度性能会降低，从而使探测深度减小、稳定性降低。因此，应测量 NMR 测井井段的连续井温曲线，利用图版和软件对温度的影响进行校正。

测井速度会影响核磁共振数据采集的准确性。测速主要根据磁化时间 T_W 和探头孔径大小选择。如果选用的等待时间 T_W 太短，极化程度降低，地层中的氢原子就不能完全被极化，此时计算得到的孔隙度值会偏小。如果选用的等待时间 T_W 过长，就会造成不必要的测井速度降低，影响到测井施工的效率。从目前来看，预极化磁铁装置在提高了测井速度上发挥了一定作用，但降低了纵向分辨率。在对预极化磁铁的改进上，应采用多频和反演技术加以补偿。

井眼环境也会对核磁共振测量结果产生影响。核磁共振仪器测量的是井眼柱状空间内的薄层切片内地层流体磁共振信号的响应，每一个切片厚度大约为 1mm。当井眼垮塌直径大于测量体积每个切片的直径时，就会对测量结果造成不良影响。

核磁共振测井仪受环境因素影响大，产生的射频信号不稳定，检测到的核磁共振信号包含来自电子器件、电磁场和外部环境的噪声(吕凤超，2012)。这些噪声严重影响了核磁共振测井数据的质量。如何有效抑制噪声，增强信噪比，成为核磁共振测量的关键问题之一。由于核磁共振测井数据的信噪比非常低，反演的不适定性强，不同反演方法对反演得到的 T_2 谱形态影响很大，选择一个合适的方法有效提高反演精度和效率成为核磁共振测量的另一个关键问题。

综上所述，影响核磁共振测井数据质量的因素众多，因此在实际应用时，应充分考虑外界环境因素，采取必要的措施进行预防和校正。

第四节 核磁共振测井的主要地质应用

一、计算储层物性参数

核磁共振回波串的初始幅度与响应区域内流体中氢核的数量成正比。将观测回波串的初始幅度与水罐(100%孔隙度)中的仪器响应幅度相比，将初始幅度刻度成孔隙度，就得了原始记录的孔隙度。岩石物理实验表明：在满足等待时间 T_W 足够长，回波间隔 T_E 足够短，含氢指数 HI 为 1 的条件下，核磁共振测量得到的孔隙度是目前所有测井方法确定的孔隙度中最为精确的一种。对于天然气和轻质油，等待时间 T_W 足够长和含氢指数 HI 为 1 的条件通常不满足。此时需要采用特殊的观测模式，以便提供孔隙度校正信息。

核磁共振孔隙度中没有岩石骨架的贡献，这一特点使得核磁共振测井与常规测井仪之间有了本质的区别。如图 2-6 所示，常用的体积模型包括岩石骨架和孔隙流体两部分，骨架部分由黏土矿物和非黏土矿物组成，孔隙流体由水和烃组成。一般来说，孔隙流体可以进一步精确划分为泥质束缚水、毛管束缚水、可动水、气、轻质油、中等黏度油和重油。与黏土和其他某些矿物有关的微孔隙通常都含有水，这些微孔隙中的水的信号衰减很快，与大孔隙中的可动水相比很难观测到，因此，早期的核磁共振仪器测量的孔隙度通常被定义为有效孔隙度。随着核磁共振技术的发展，新型的核磁共振测井仪器能够探测到孔隙空间中的所有流体，测量得到的孔隙度称为总孔隙度(王莜文，2005)。

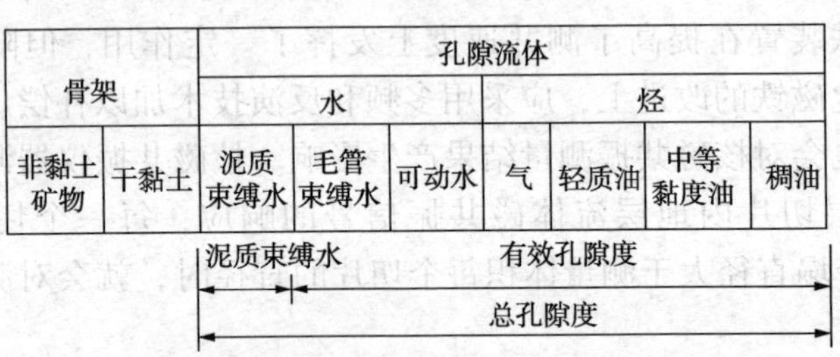

图 2-6 核磁共振孔隙度解释模型(据王莜文，2005)

层渗透率是储层油藏描述和管理的关键，是一个贯穿油田开发始末的重要参数，因此人们对它极为重视。然而渗透率受多种因素联合控制，如孔隙度、微观孔隙结构、岩性、颗粒大小、胶结物类型及含量、裂缝发育程度、孔隙流体类型、沉积相等因素，这些因素的综合影响使较为准确的渗透率求取一直是测井界的一个难题(田亚，2008)。核磁测井信号直接来自地层孔隙中的流体，提供的观测结果几乎不受岩石矿物骨架成分的影响，这一特点使得核磁共振测井与常规测井之间有了本质的区别。核磁测井测得的回波串中包含了孔隙类型、孔径大小、孔隙连通性、流体流动特性、赋存状态（流动、束缚）等十分丰富的信息（肖立志，1998）。因此，用核磁测井来估计渗透率有独特的优势。用核磁共振方法评价渗透率的基于的物理事实上渗透率随孔隙度和孔径的增加而增加。目前常用的核磁共振测井渗透率模型主要有 Coates 模型和 SDR 模型。除此之外，其他模型如回波串和计算公式、T_2 分布主成分法等，目前还不成熟。

Coates 模型计算公式为：

$$K=\left(\frac{\phi}{C}\right)^4\left(\frac{FFI}{BVI}\right)^2,\ \phi=FFI+BVI \qquad (2-13)$$

式中，C 为待定系数，常常取为 10，或者需要通过对实验观测结果的拟合处理来确定；FFI 为自由流体孔隙度；BVI 为束缚流体孔隙度。

由式（2-13）可知，Coates 模型与总孔隙度和可动流体体积有关。

SDR 模型计算公式为：

$$K=C\phi^4 T_{2gm}^2 \qquad (2-14)$$

式中，C 为待定系数，需要借助数据拟合确定；T_{2gm} 为 T_2 几何均值。

虽然，Coates 模型和 SDR 模型二者看上去形式不同，但是 FFI/BVI 与 T_{2gm} 具有良好的线性相关性，适当变形后，式（2-13）和式（2-14）具有同样的数学形式。Coates 模型和 SDR 模型本质相同，都取决于岩石孔隙流体的核磁共振 T_2 和孔隙度 ϕ。考虑到实际储层的复杂性，不同的储层应该选择合适的模型来求取核磁渗透率。总的来说，在油的黏度较低的情况下，前者适用于孔隙中含水或含烃的地层，后者则只适合于孔隙中含水的地层。在油的黏度较高，且大量残余时，目前还没有较好的办法直接计算渗透率。

利用核磁共振 T_2 分布估算黏土束缚水饱和度是核磁资料的另一项重要的地质应用。其基本假设是：黏土内发育的小孔隙的表面积与体积比值较大，认为在 T_2 分布上与其对应的是具有快衰减弛豫特征的组分，通常认为 3ms 以下是黏土束缚水。目前有 3 种方法计算黏土束缚水饱和度：

（1）离心法。利用离心前后核磁信号强度的比值来计算黏土束缚水饱和度。这种方法由于要进行室内岩心核磁共振实验，实际应用时会受到取心限制。

（2）T_2 截止法。这种方法需要确定 T_2 截止值来确定黏土束缚水体积。实际应用时，不同储层类型，即使是同一储层类型受非均质性影响，不同区块 T_2 截止值都可能有较大差异，因此，T_2 截止值的准确计算是关键。

（3）谱系数法。该方法假设弛豫时间的每一项都包含了黏土束缚水的贡献，只是弛豫时间的大小不同，其对应的孔隙中包含的束缚水的系数不一样。这样只要确定每个弛豫时间项中束缚水所占的比例，给出各 T_2 项的束缚水权系数 S_{weignt}，加权求和即可得到岩样的黏土束缚水体积。

储层物性的计算精度和核磁共振测井数据的质量密切相关。本书第三章将对核磁共振测井数据的去噪方法进行分析，以期提高致密砂岩储层核磁共振测井计算得到的储层物性，尤其是孔隙度参数的精度。

二、储层孔隙结构评价

核磁共振测井不仅可以获得高质量的有效孔隙度参数，而且用它的 T_2 分布，还可以直接反映岩石的有效孔隙半径和岩石的比表面积。T_2 值越小，则其对应的孔隙半径越小，是岩石中小孔隙或微孔隙的反映；T_2 数值越大，则其对应的孔隙半径越大，是岩石中较大孔隙的反映。据此，根据 T_2 谱的特性可以定性地评价储层孔隙结构。目前，利用核磁共振测量数据，通过构建伪毛管压力曲线，已经可以实现对储层孔隙结构的定量评价。关于致密砂岩储层核磁共振测井评价储层孔隙结构的相关内容将在本书第五章进行讨论。

三、储层流体识别

利用核磁共振测井资料进行储层流体识别，其依据是不同流体的核磁共振特性差异。一维核磁共振测井主要依据储层流体纵向弛豫时间 T_1 和扩散系数 D 的差异，在实际测井时选择不同的等待时间 T_W 和回波间隔 T_E 等采集参数开展工作。目前常见的一维核磁共振测井储层流体识别方法主要有：差谱法（DSW）（Akkurt et al.，1995）、增强扩散法（EDM）（Akkurt et al.，1998）、时域分析法（TDA）（Prammer et al.，1995）、移谱法（SSM）（Akkurt et al.，1995）等。

差谱法利用长、短两个等待时间 T_W 得到两个回波串。长等待时间 T_W 观测到的回波串包含了所有水和轻烃的信号，而短等待时间 T_W 则包含几乎所有水的信号。对这个回波串进行反演得到 T_2 谱，提取这两个 T_2 谱的差值就可以得到所谓的差谱，原理上，差值后的谱只包含轻烃的信号。

增强扩散法是一种改进了的差谱法。差谱法取得较好应用效果的前提是储层流体的纵向弛豫时间 T_1 有较大的差异。当差异较小时，差谱法就失去了作用。此时，如果油的扩散系数比水的扩散系数合理小的话，采用足够长的回波间隔 T_E 就能使油和水在横向弛豫时间 T_2 上出现较明显差异，达到区分油和水的目的。这种方法称为增强扩散法。

时域分析法是差谱法的进一步发展。差谱法受反演不确定性影响，T_2 谱相减时，容易出现负值。时域分析法把两个用来计算差谱的回波串先相减，即通过一个所谓的时间域分析的方法进行处理。时域分析法首先求解与轻烃（油和/或气）有关的指数衰减，然后确定这些流体的存在，最后进行流体体积的定量评价。

移谱法利用长、短两个回波间隔 T_E 得到两个回波串。回波间隔 T_E 不同，扩散作用对 T_2 分布的影响不同，流体的弛豫速率不同。采用长回波间隔 T_E 时，T_2

分布向短弛豫方向移动，且长弛豫组分移动的距离大于短弛豫组分移动的距离。在亲水岩石里，油为非润湿项，其横向弛豫时间 T_2 不受表面弛豫的影响，此外，其扩散系数小于水的扩散系数。因此，当采用长回波间隔 T_E 时，水的 T_2 分布移动距离要大于油的 T_2 分布移动距离。这样，原本混在一起的油气信号，在采用大的回波间隔 T_E 时就分开了，从而实现了油和水的识别和解释。

二维核磁共振测井技术能较好地解决地层孔隙中油气和水同时存在时 T_2 分布重叠在一起的问题。相比一维核磁共振测井，其成果图在储层流体识别方面具有明显、直观的优势。二维共振测井在常规储层流体识别方面的有效性已经得到验证；在非常规储层，尤其是致密储层和页岩储层中应用时，限于储层的复杂性，存在着一些理论和实用上的问题和困难，还需要进一步深入研究。二维核磁测井储层流体识别的基础是二维核磁共振测井数据反演得到的成果图。反演方法对反演得到的成果图的流体识别能力有直接影响。致密砂岩储层二维核磁共振测井数据反演方法的相关内容将在本书第四章进行分析。一维、二维核磁共振测井储层流体识别的相关内容将在本书第六章进行阐述。

第三章　致密砂岩储层核磁共振测井数据去噪方法

低信噪比使反演得到的 T_2 谱偏离地层的真实情况。致密砂岩储层核磁共振测井数据信噪比通常低于 15，低信噪比问题尤为明显。此时，小波分解得到的相对高频的成分中也可能混入了信号的有效成分，小波分解类算法对这部分相对高频的成分不再进行分解，从而导致分解的精度不够。小波包分解是在小波分解的基础上发展起来的，二者的区别在于小波包分解对小波分解得到的相对高频的成分做了进一步细分。

第一节　小波包阈值去噪算法

一、小波包阈值算法概述

小波包阈值算法包括小波包分解、阈值处理以及小波包重构 3 个部分。小波包分解和重构，合称小波包变换，是由 Wickerhauser、Coifman 等在小波变换的基础上进一步提出的，并且在数学上进行了比较严格的推导，可由 Mallat 算法具体实现。

小波包分解过程借助快速算法实现(图 3-1)，具体过程如下：

$$\begin{cases} p_0^1(n) = X(n) \\ p_j^{2i-1} = \sum\limits_k H_d(k-2n)p_{j-1}^i(n) \\ p_j^{2i} = \sum\limits_k G_d(k-2n)p_{j-1}^i(n) \end{cases} \tag{3-1}$$

式中，$n=1, 2, \cdots, 2^{J-j}$；$j=J, \cdots, 1$；$i=2^0, 2^1, \cdots, 2^j$；J 为分解层数，初始信号 p_0^1 为输入信号 $X(n)$，即待处理的核磁共振测井信号。

p_j^i 代表第 j 层上的第 i 个小波包系数。小波包分解过程中，在第 j 层上共有 2^j 个小波包系数，其中，p_j^{2i-1} 为第 j-1 层上第 i 个小波包系数与分解滤波器 H_d 卷积后再进行下 2 采样得到的低频系数，p_j^{2i} 为第 j-1 层上第 i 个小波包系数与分解滤波器 G_d 卷积后再进行下 2 采样得到的高频系数。小波包分解和小波分解最大的不同就是在上述分解过程中，小波包分解对小波分解中没有再分的相对高频成分

$d_{j+1}(n)$再次经过分解滤波器 H_d 和 G_d 作进一步细分，如图 3-1 中虚线所示。因此，相比于小波分解，小波包分解提供了一种更为精细的分解方式，具有更高的分解精度。在小波包分解时，分解尺度对算法的去噪效果有直接影响。分解尺度过大，有可能会导致有用信号的丢失，增加运算量，信噪比不升反降；分解尺度过小，则得不到理想的效果，信噪比提高很有限。因此，如何选择最优的分解尺度是小波包阈值算法的一个关键环节。

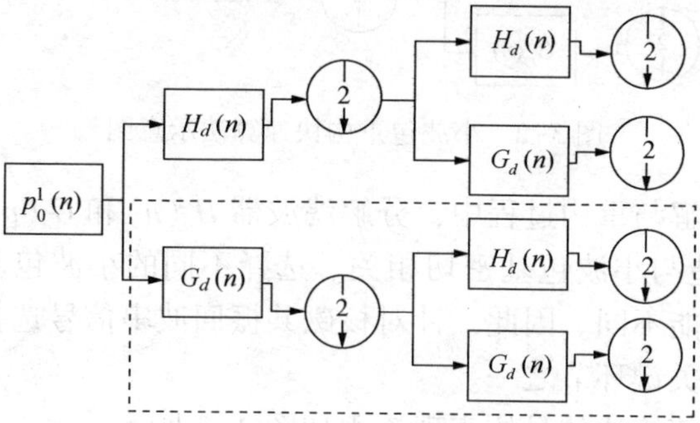

图 3-1　小波包分解快速算法示意图

阈值算法是由斯坦福大学 Donoho 和 Johnstone 两位教授提出的，选择合适的阈值对分解得到的相对低频成分 $C_{j+1}(n)$和相对高频成分 $d_{j+1}(n)$进行处理后分别得到 $c''_{j+1}(n)$和 $d''_{j+1}(n)$。此时，阈值的选择合适与否直接影响到信号去噪的效果。如果阈值太小，去噪后信号仍然有噪声；相反，如果阈值太大，重要的信号特征又被过滤掉。结合前人的研究成果，选择 SURE 阈值进行去噪处理。实际处理时，选择性的不处理相对低频成分，即 $c''_{j+1}(n)=c_{j+1}(n)$。由于小波包分解具有较高的分解精度，因此，对分解得到的相对高频成分进行滤波处理，可以取得较好的去噪效果。

将经过阈值处理后的小波包系数 P_j^i 经过重构滤波器进行小波包重构。该过程同样借助快速算法实现(图 3-2)，具体过程如下：

$$p_j^i(n) = 2\left[\sum_k H_r(n-2k)p_{j+1}^{2i-1}(n) + \sum_k G_r(n-2k)p_{j+1}^{2i}(n)\right] \qquad (3-2)$$

式中，$j=J, \cdots, 0$；$i=2^j, 2^{j-1}, \cdots, 2^0$；$J$ 为分解层数；H_r 和 G_r 为重构滤波器；$p_j^i(t)$为重构后第 j 层上的第 i 个小波包系数，其为两项之和，第一项是第j+1层上第 $2i-1$ 个低频系数进行上 2 采样后再与重构滤波器 H_r 卷积的结果，第二项是第 j+1层上第 $2i$ 个高频系数进行上 2 采样后再与重构滤波器 G_r 卷积的结果。

从第 j 层开始，重复上述操作一直进行到第 0 层即得到经过滤波处理后的核磁共振测井信号。上述式(3-1)中分解滤波器 H_d、G_d 和式(3-2)中的重构滤波器 H_r、G_r 均借助正交尺度函数及双尺度方程得到。

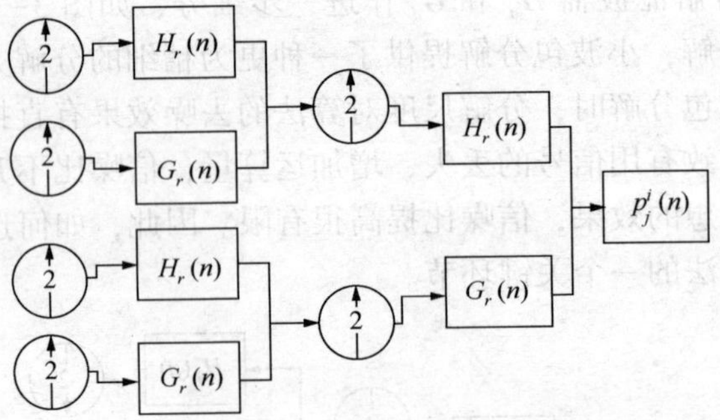

图 3-2　小波包重构快速算法示意图

上述小波包分解与重构过程中，分解滤波器 $H_d(n)$ 和 $G_d(n)$ 和重构滤波器 $H_r(n)$ 和 $G_r(n)$ 的构造与小波包基密切相关。选择不同的小波包基得到的低通和高通滤波器的滤波性能不同。因此，针对核磁共振回波串信号选择最优小波包基是小波包阈值算法的关键环节之一。

上述小波包阈值算法的具体实现流程如图 3-3 所示。

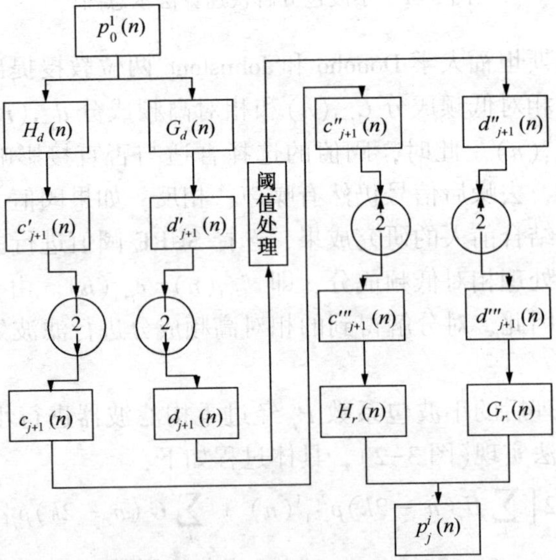

图 3-3　小波包阈值算法流程图

二、最优小波包基的选取

小波包分析中用到的小波包基具有不唯一性。对于某类给定的信号，选择最优小波包基首先要考察小波包基的不同特性，在小波包基诸多特性中一般较为看重正交性、紧支性与衰减性、对称性、正则性、消失矩阶数几个方面。要想使小波包分解系数精确重构，必须有严格的规范正交性。然而，除了 Haar 族小波，其他正交小波都不是对称的，实际应用中一般降低标准，采用双正交器。任何一个函数都无法做到在时域和频域同时具有紧支性，实践中一般考察时域紧支性。对称性对信号重构过程是否失真有直接影响，小波包的支撑长度越大，小波包系数重构的稳定性越强。分解时选用的小波包基消失矩越高，分解后信号的能量就越集中，小波的滤波能力就越大。分析含噪声信号时，为了使滤波器有足够的降噪能力，应选具有较高消失距的小波基。

根据表 3-1 选定 db、sym 两种小波包族进行去噪处理。根据小波理论可知，小波包变换的本质是测量被分析信号波形与小波波形的局部相似程度。要想使小波包变换在核磁共振回波数据去噪方面取得较好的效果，须根据核磁共振回波串信号的特点，选择波形接近的小波。对于一个既定的信号，最接近的小波的选取可以通过计算核磁共振回波串信号与小波波形之间的互相关系数来实现。互相关系数的定义为：

$$\gamma = \frac{\sum [W(i) - \overline{W(i)}][M(i) - \overline{M(i)}]}{\sqrt{\sum [W(i) - \overline{W(i)}]^2 \sum [M(i) - \overline{M(i)}]^2}} \tag{3-3}$$

式中，$\overline{W(i)}$和$\overline{M(i)}$分别为小波 $W(i)$和核磁共振回波串信号 $M(i)$的均值。

表 3-1　常用的小波包族特性

缩写名	Haar	db	bior	coif	sym	morl	mexh	meyr
正交性	有	有	无	有	有	无	无	有
双正交性	有	有	有	有	有	无	无	有
紧支性	有	有	有	有	有	无	无	无
对称性	对称	近似对称	不对称	近似对称	近似对称	对称	对称	对称
支撑长度	1	$2N-1$	重构：$2N_r+1$ 分解：$2N_d+1$	$6N-1$	$2N-1$	有限长度	有限长度	有限长度
小波函数 ψ 消失矩阶数	1	N	N_r-1	$2N$	N	—	—	—
尺度函数消失矩阶数	—	—	—	$2N-1$	—	—	—	—

为了得到适用于核磁共振回波串信号小波包阈值算法去噪的最优小波包基，需要得到核磁共振回波串信号。为此构造代表致密砂岩储层的两种地层的 T_2 谱模型分别为小孔占优双峰结构、小孔单峰结构(图 3-4)。

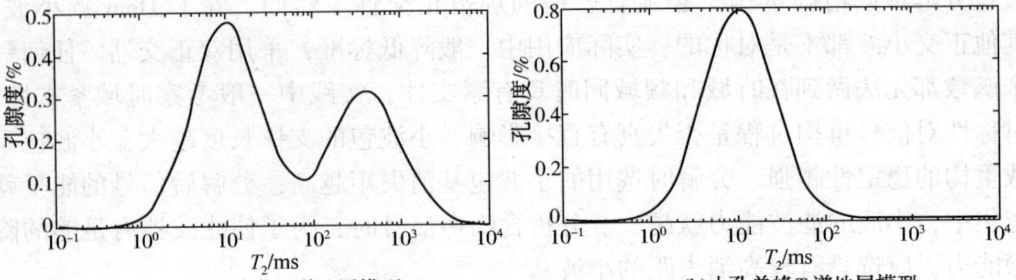

(a)小孔占优T_2谱地层模型　　(b)小孔单峰T_2谱地层模型

图 3-4　构造的两种 T_2 谱地层模型

当储层岩石是亲水的且饱含水时，利用 CPMG 脉冲序列采集的回波串信号可用下式进行描述：

$$M(t)=\sum_{j=1}^{m}s_j(0)\cdot e^{\frac{-t}{T_{2j}}} \tag{3-4}$$

式中，$M(t)$为 t 时刻观测到的回波幅度；s_j 为储层中的孔隙所对应的体积分量，其对应的横向弛豫时间分量为 T_{2j}。

利用式(3-4)进行数值模拟，即可得到图 3-5 所示无噪声的回波串信号。

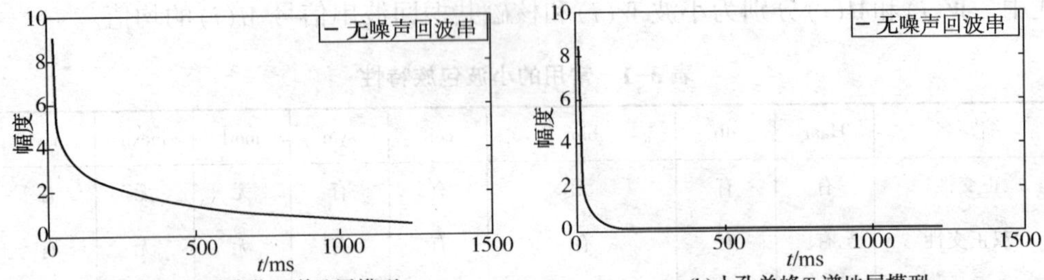

(a)小孔占优T_2谱地层模型　　(b)小孔单峰T_2谱地层模型

图 3-5　两种 T_2 谱地层模型无噪声回波串信号

为了选出适用于核磁共振回波串信号去噪的最优小波包基，比较 db 族和 sym 族小波不同回波间隔 T_E、回波个数 N_E 时与两种 T_2 谱地层模型无噪声回波串信号之间的最大互相关系数 MCCC，并作出相应的图版，如图 3-6 和图 3-7 所示，图中消失矩 WVM 坐标轴左端代表 db 族小波，右端代表 sym 族小波。

对核磁共振回波串信号进行去噪处理时，上述图版中极值点对应的小波包基即为最优小波包基。由图 3-6 和图 3-7 可知，最优小波包基应该选用 sym7，当且仅当 T_2 谱地层模型为小孔单峰结构，且回波间隔大于 0.9ms 时，最优小波包基应选用 sym5。在实际应用时，短弛豫组分受噪声的影响较大，不易得到较好的反演结果。为了不丢失短弛豫组分，实际采集时往往尽可能采用小的回波间隔，如本书模拟时选用 0.3ms，因此，最优小波基应该选用 sym7。

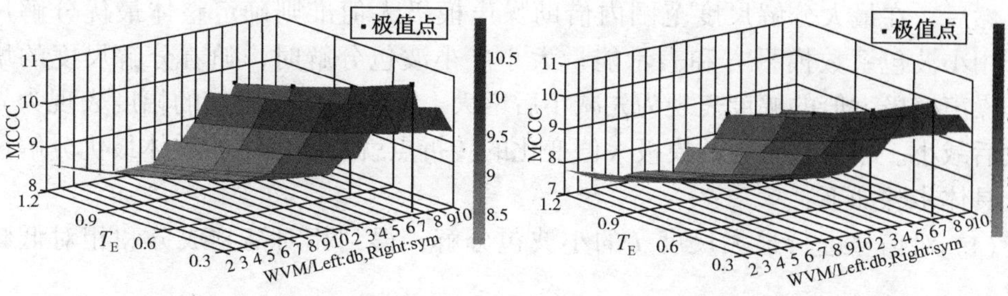

(a)小孔占优T_2谱地层模型　　(b)小孔单峰T_2谱地层模型

图 3-6　两种 T_2 谱地层模型不同回波间隔时的最大互相关系数图版

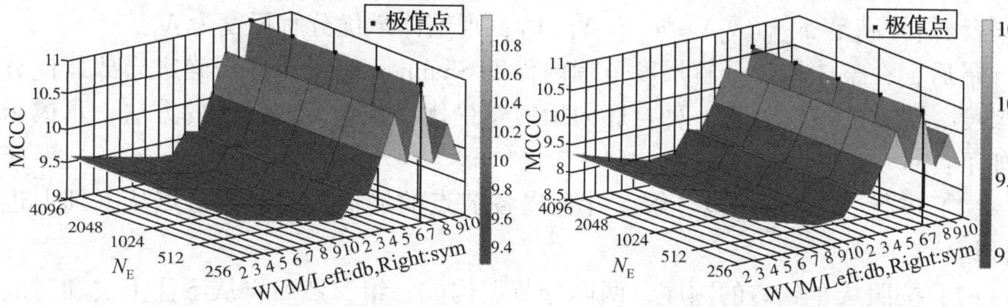

(a)小孔占优T_2谱地层模型　　(b)小孔单峰T_2谱地层模型

图 3-7　两种 T_2 谱地层模型不同回波个数时的最大互相关系数图版

三、小波包分解最优分解尺度的确定

首先，借助信号分解长度准则确定最大分解尺度。对于一个长度确定的信号进行小波包分解时，考虑到小波包基的有效支撑长度和小波包变换的实现过程，在分解到最大尺度时，应该保证至少可以得到一个正确的小波包变换系数。因此，伸缩的小波包基的长度不应该大于待分析信号的长度，这样就可以避免不合理的高阶分解。

上述过程可用如下式描述：

$$(LW-1)\cdot 2^J<LS \tag{3-5}$$

式中，LW 为小波包基函数的长度；LS 为核磁共振回波串信号的长度；J 为最大分解尺度。

选用 sym7 小波包基时，最大分解尺度和回波个数关系如表 3-2 所示。

表 3-2　选用 sym7 小波包基时，最大分解尺度和回波个数关系

回波个数	128	256	512	1024	2048	4096	8192
最大分解尺度	3	4	5	6	7	8	9

然后，在最大分解尺度范围内借助噪声模极大值准则确定整体最优分解尺度，用小波包系数模平方和表示能量大小。小波包分解时，随着分解尺度的增加，噪声模极大值的幅度表现为先减小后增大，而信号模极大值的幅度表现为先增大后减小。小波包系数的模极大值变化的转折点就是要确定的整体最优分解尺度，具体步骤如下：

(1) 对信号进行最大尺度 J 的小波包分解，得到相对高频成分和相对低频成分。

(2) 提取每一层的相对高频成分，并进行单支重构，得到每一层的细节信号。

(3) 计算每一层细节信号的模极大值之和，记作 $w_{peak}(N_1)$，$N_1=1, 2, \cdots, J$。若该信号满足 $w_{peak}(N_1)\leqslant w_{peak}(N_1+1)$，则整体最优分解尺度为 N_1。

最后，在整体最优分解尺度范围内借助 Shannon 熵最小准则确定局部最优分解尺度。该方法事实上是一种自底向顶搜索最优小波包分解尺度的方法，具体步骤如下：

(1) 进行 N_1 层小波包分解，计算出各节点的熵值，并对各节点从下到上进行标记。

(2) 按照从左到右的顺序，两两分节点构成一组，然后再从下往上去和对应的母节点的熵值作比较。

(3) 保留熵值(和)较小的母节点(子节点对)，去除其相应下层节点标记。

(4) 从下往上，逐层进行上述处理。若最终保留的节点所形成的小波包树的深度为 N_2+1，则局部最优分解尺度为 N_2，即最终确定的最优分解尺度。

四、数值模拟与结果分析

为将上述小波包阈值算法应用于前述两种 T_2 谱地层模型的含噪声回波串信号去噪处理，需要模拟得到含噪声回波串信号。含有噪声的回波串信号可以表示成如下的形式：

$$f(i)=M(i)+e(i), \quad i=1, 2, \cdots, n \tag{3-6}$$

式中，$M(i)$ 为真实的不含噪声的核磁共振回波串信号；$e(i)$ 为噪声；$f(i)$ 为含有噪声的核磁共振回波串信号。

为了模拟含噪声回波串信号，在图 3-5 中无噪声回波串信号中加入一定量的高斯白噪声，即得到含噪声回波串信号(图 3-8)。

为了得到反演后的 T_2 谱，式(3-6)一般简化为如下形式：

$$As=f, \quad s\geqslant 0 \tag{3-7}$$

式中，A 为核矩阵；s 为待求的 T_2 谱；f 是测量得到的含噪声回波串数据。由于系数矩阵 A 的部分奇异值过小，导致其条件数过大。这意味着当数据项 f 存在一

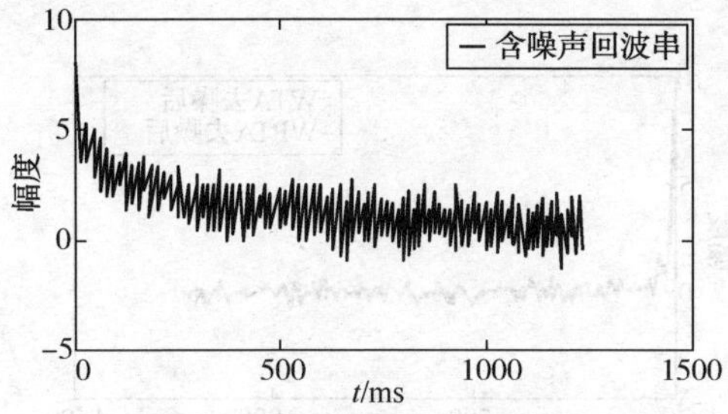

(a)小孔占优T_2谱地层模型

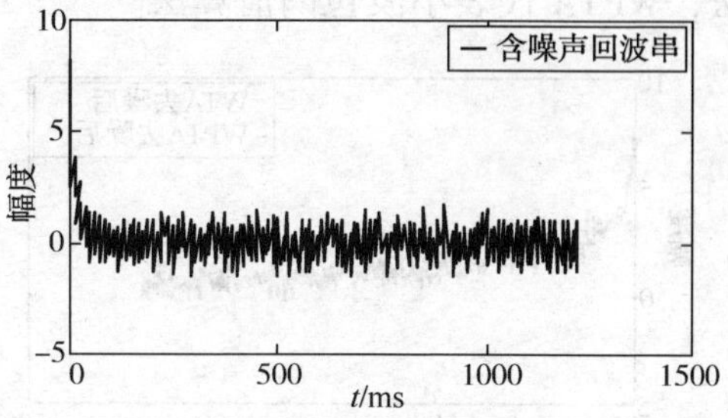

(b)小孔单峰T_2谱地层模型

图 3-8　两种 T_2 谱地层模型含噪声回波串信号

个小的扰动时，较小的奇异值对该扰动有放大的作用，使得得到的 T_2 谱偏离地层的真实情况，不再满足解的稳定性条件。因此，式(3-7)是病态的。为有效的求解式(3-7)，反演得到 T_2 谱，国内外学者提出了一系列反演 T_2 谱的方法，如：罚函数(BRD)法、非负最小二乘(NNLS)法、奇异值分解(SVD)法、均匀惩罚(UPEN)法、联合迭代反演(SIRT)法等。由于 SVD 法具有算法简单，计算量小的特点，这里模拟采用 SVD 法进行反演。

SVD 法简要介绍如下：

系数矩阵 A 的奇异值分解可表示为：

$$A = U \Xi V^T,\quad \Xi = \xi_1,\ \xi_2,\ \cdots,\ \xi_j \geqslant 0 \tag{3-8}$$

式中，U 和 V 为酉矩阵；Ξ 为依次递减的奇异值矩阵。

在非负约束条件下，T_2 谱可用下式计算得到：

$$s = V\frac{1}{\Xi}U^T f \tag{3-9}$$

为了控制解的稳定性，需要选择一个正则化参数 λ，使得小于该正则化参数 λ 的奇异值 W_n 对解的稳定性的影响最小化。具体的做法是置 $\frac{1}{W_n}$ 为 0。正则化参数 λ 的选取规则如下：

$$\lambda = \frac{\xi_1}{\mathrm{SNR}} \tag{3-10}$$

式中，ξ_1 为奇异值矩阵 Ξ 的首元素；SNR 为信噪比，定义为时间域信号最大幅值与噪声水平的比值，如下式所示：

$$\mathrm{SNR} = \frac{\max f(i)}{\mathrm{std}[f(i) - M(i)]} \tag{3-11}$$

式中，$f(i)$ 和 $M(i)$ 的含义与式(3-6)中相同。

将图 3-8 模拟得到的含噪声回波串信号分别利用小波包阈值算法和小波阈值算法进行去噪处理，去噪后的回波串如图 3-9 所示，图中 WTA 代表小波阈值算法，WPTA 代表小波包阈值算法。

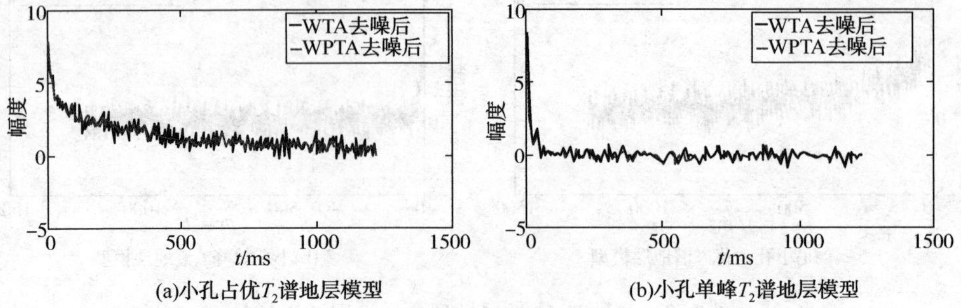

图 3-9　两种 T_2 谱地层模型去噪后的回波串

由图 3-9 可以定性看出，含噪声核磁共振回波串信号经过上述小波包阈值算法去噪后，与经过小波阈值算法去噪后相比变得更为光滑，意味着可能有信噪比的提高。为了比较小波包阈值算法和小波阈值算法的降噪效果，对上述两种 T_2 谱地层模型正演得到的回波串信号分别加入不同量的高斯白噪声，信噪比范围为 5~15。然后利用小波包阈值算法和小波阈值算法进行去噪处理，对去噪前、后的回波串信号采用奇异值分解算法进行反演，反演得到的 T_2 谱和模型 T_2 谱如图 3-10和图 3-11 所示。

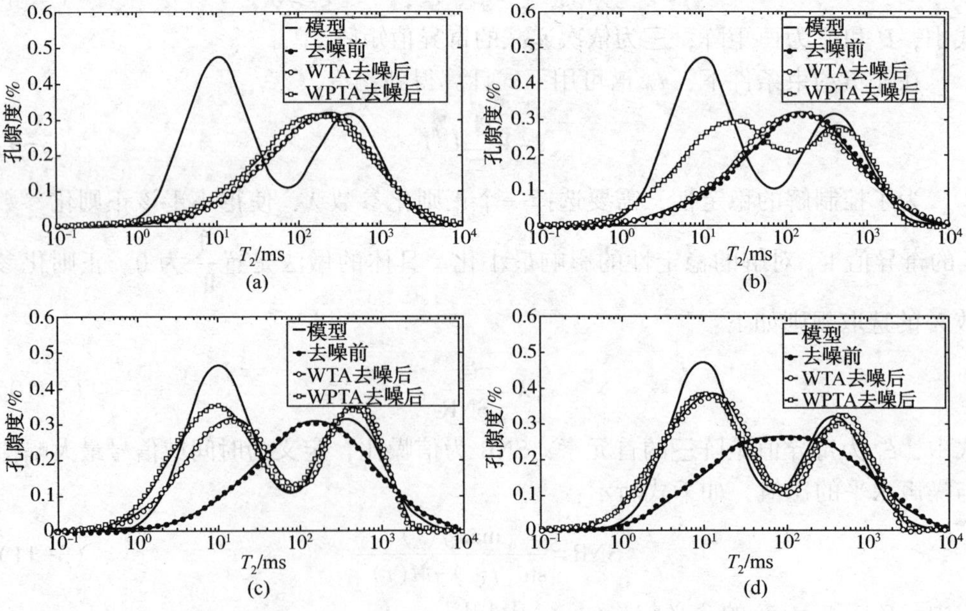

图 3-10　小孔占优双峰 T_2 谱地层模型信噪比为 5~15 时核磁共振回波串信号去噪效果

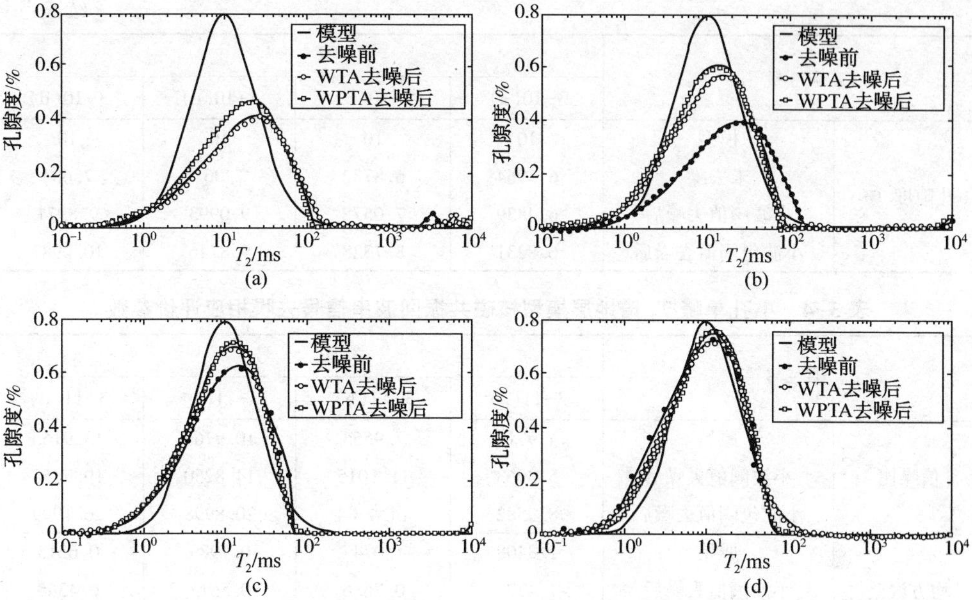

图 3-11　小孔单峰 T_2 谱地层模型信噪比为 5~15 时核磁共振回波串信号去噪效果

为了定量评价小波包阈值算法在核磁共振回波串信号中的去噪效果，选择信噪比、孔隙度和均方根误差(RMSE)3 个参数来考察去噪后的估计信号与真实信号之间的误差。RMSE 定义如下：

$$\mathrm{RMSE}=\sqrt{\frac{(s-s^*)^2}{\mathrm{length}(s)}} \tag{3-12}$$

式中，s^* 为得到的 T_2 谱；s 为构造的 T_2 谱。

对应的评价标准分别为：去噪后信噪比越大，均方根误差越小，孔隙度越接近模型孔隙度，去噪效果越好。图 3-10 和图 3-11 中小波包阈值算法和小波阈值算法对两种 T_2 谱地层模型不同信噪比核磁共回波串信号去噪后相应的评价参数如表 3-3 和表 3-4 所示。

表 3-3　小孔占优双峰 T_2 谱地层模型核磁共振回波串信号去噪相应评价参数

编号		图号			
		3-10(a)	3-10(b)	3-10(c)	3-10(d)
信噪比	原始	4.9907	7.9615	11.2034	14.16
	小波阈值去噪后	5.3571	9.5279	15.8316	20.0014
	小波包阈值去噪后	8.4148	17.9799	28.0826	25.8828
均方误差	原始	1.9426	1.2094	0.8292	0.6427
	小波阈值去噪后	1.7541	0.9089	0.5763	0.4551
	小波包阈值去噪后	1.032	0.4189	0.288	0.3526

续表

编号		图号			
		3-10(a)	3-10(b)	3-10(c)	3-10(d)
孔隙度/%	模型	10	10	10	10
	未去噪	6.3964	6.8782	7.061	7.684
	小波阈值去噪后	6.4839	7.0578	9.0993	9.8971
	小波包阈值去噪后	6.8231	8.7328	9.8746	10.0983

表 3-4 小孔单峰 T_2 谱地层模型核磁共振回波串信号去噪相应评价参数

编号		图号			
		3-11(a)	3-11(b)	3-11(c)	3-11(d)
信噪比	原始	4.9718	7.9553	10.9763	13.9165
	小波阈值去噪后	5.3963	11.1015	14.8250	19.7858
	小波包阈值去噪后	8.9582	14.4504	20.8998	26.1999
均方误差	原始	1.8408	1.0747	0.7989	0.6313
	小波阈值去噪后	1.4777	0.7686	0.5617	0.4365
	小波包阈值去噪后	0.9069	0.5896	0.3913	0.3176
孔隙度/%	模型	10	10	10	10
	未去噪	6.7423	6.4454	9.6215	10.7367
	小波阈值去噪后	6.7762	8.7870	10.2647	10.5467
	小波包阈值去噪后	7.4883	9.2586	10.2441	10.4534

由图 3-10、图 3-11 以及表 3-3、表 3-4 可以看出，经过小波包阈值算法去噪后，相比经过小波阈值算法去噪后，反演得到的 T_2 谱与模型 T_2 谱更为吻合。从评价参数上可以看出，经过小波包阈值算法去噪后的信噪比相比小波阈值算法去噪后及未经过去噪的信号，信噪比有了较大提高，均方根误差减少，利用反演得到的 T_2 谱计算得到的储层孔隙度与模型孔隙度更为接近。此外，当信噪比低于 8 时，小波包阈值算法对信噪比的提升作用不如信噪比高于 8 时明显。

五、核磁共振测井数据去噪实例

为了进一步验证小波包阈值算法在核磁共振测井数据处理中的有效性，对某井 1725~1745m 深度段的核磁共振测井回波数据进行去噪处理。对该深度段核磁共振测井回波数据的原始信噪比和岩心分析孔隙度进行了统计分析，其结果如图 3-12所示。

由图 3-12(a)可知，该深度段核磁共振测井数据 210 个深度点的原始信噪比均在 14 以下，低于 8 的信噪比占到了总数的 45.24%。因此，该段核磁共振测井数据原始信噪比偏低。由图 3-12(b)可知，该深度段 64 个岩心分析孔隙度数据的均值为 7.39%，均方根误差较小，为 1.167。因此，该深度段孔隙度离散度较

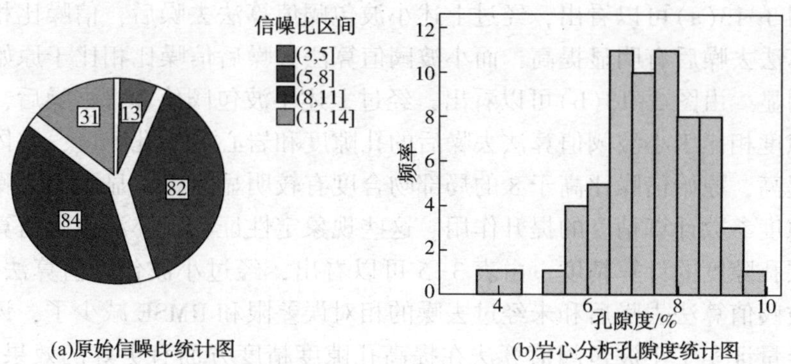

(a)原始信噪比统计图　　(b)岩心分析孔隙度统计图

图 3-12　1725~1745m 深度段核磁共振测井数据原始信噪比和岩心分析孔隙度统计图

小，集中于均值附近，为致密性储层。

分别用小波包阈值算法和小波阈值算法对该深度段核磁共振测井数据进行去噪处理，然后用奇异值分解算法进行反演，将反演后经计算得到的孔隙度与岩心分析孔隙度作比较，其结果如图 3-13 所示。为了定量评价得到的孔隙度的精度，选择相对误差限 δ 和 RMSE 为评价参数。δ 的定义为：

$$\left|\frac{\phi-\phi^*}{\phi}\right| \leqslant \delta \tag{3-13}$$

式中，ϕ^* 为得到的孔隙度；ϕ 为对应深度点经过双三次样条插值得到的岩心分析孔隙度。

去噪后，评价参数越小，得到的孔隙度精度越高，相应结果如表 3-5 所示。

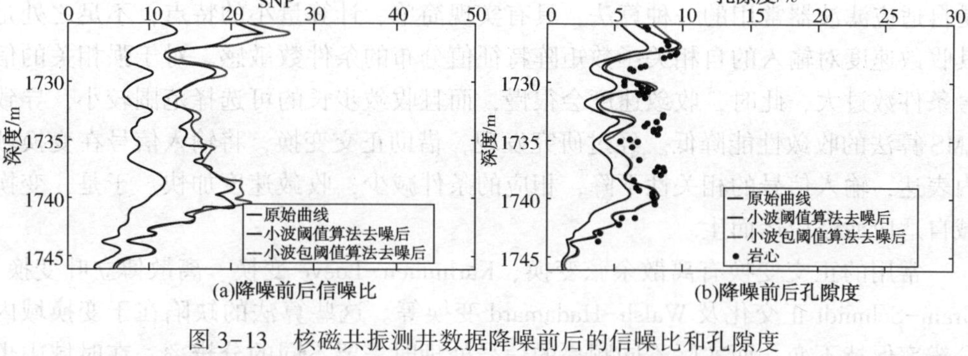

(a)降噪前后信噪比　　(b)降噪前后孔隙度

图 3-13　核磁共振测井数据降噪前后的信噪比和孔隙度

表 3-5　去噪前后孔隙度和岩心分析孔隙度之间的相对误差限 δ 和 RMSE

参　数	去噪前	WTAD	WPTAD
δ	0.7877	0.7502	0.7484
RSME	2.9421	2.0858	1.9899

由图3-13(a)可以看出，经过上述小波包阈值算法去噪后，信噪比相比于小波阈值算法去噪后有明显提高，而小波阈值算法去噪后信噪比相比于原始信噪比改善不明显。由图3-13(b)可以看出，经过上述小波包阈值算法去噪后，计算得到的孔隙度相比于小波阈值算法去噪后的孔隙度和岩心分析孔隙度，整体吻合程度略有提高，原始信噪比高于8的局部吻合度有较明显改善，显示出去噪对提高储层孔隙度参数计算精度的提升作用。这些现象定性证明了小波包阈值算法可以提高储层孔隙度的计算精度。由表3-5可以看出，经过小波包阈值算法去噪后，相比小波阈值算法去噪后和未经过去噪的相对误差限和RMSE减少了，评价参数的改善定量证实了小波包阈值算法在提高孔隙度精度方面有更好的效果。然而，计算得到孔隙度精度的提高却并不十分明显。造成这一现象的主要原因是致密储层的核磁共振测井数据的信噪比整体偏低。为了能进一步提高致密储层极低信噪比核磁共振测井数据的去噪效果，提升孔隙度参数的计算精度，本书将在下一节中将小波包阈自适应滤波算法引入核磁共振测井数据的去噪处理中。

第二节　小波包阈自适应滤波算法

一、小波包阈自适应滤波算法概述

小波包阈自适应滤波是变换域自适应滤波的一种。Dentino等1978年首先尝试将自适应滤波的应用由时域拓展到频率域。变换域自适应滤波的基本思想是把时域信号转变为变换域信号，在变换域内采用自适应算法。最小均方(LMS)算法是自适应滤波器常用的一种算法，具有实现简单、计算量小的特点，不足之处是其收敛速度对输入的自相关函数矩阵特征值分布的条件数敏感。对于强相关的信号条件数过大，此时，收敛速度会很慢，而且收敛步长的可选择范围较小，导致LMS算法的收敛性能降低。经过研究发现，借助正交变换，将输入信号在变换域内表达，输入信号的相关性下降，相应的条件减少，收敛速度加快。于是，变换域自适应滤波应运而生。

常用的正交变换有离散余弦变换、Karhumen-Loeve变换、离散傅立叶变换、Gram-Schmidt正交化及Walsh-Hadamard变换等。这些算法的缺陷在于变换域内分辨率保持不变，而实际不同频率的信号处理时需要不同的分辨率。在时域中也没有任何分辨率，反映不出对应变量随时间的变化。小波变换具有良好的去相关能力、时频局部化特性、多分辨率特性，因此，小波变换随后用于变换域自适应滤波。小波变换良好的时频局部化特性，极大地缩小了输入信号自相关矩阵谱的动态范围，使得自适应滤波算法的收敛性和稳定性大大增强。

本书将小波包变换与自适应最小均方滤波相结合，提出基于小波包分解系数的自适应滤波算法，得到小波包阈自适应滤波算法。首先，将输入信号与期望输出经过小波包分解滤波器组进行小波包分解，提取小波包分解系数，然后对所得到的分解系数进行自适应滤波，再将经过自适应滤波的分解系数通过小波包合成滤波器进行重构，从而得到最终去噪后的信号。

小波包阈自适应滤波的算法流程图如图 3-14 所示。

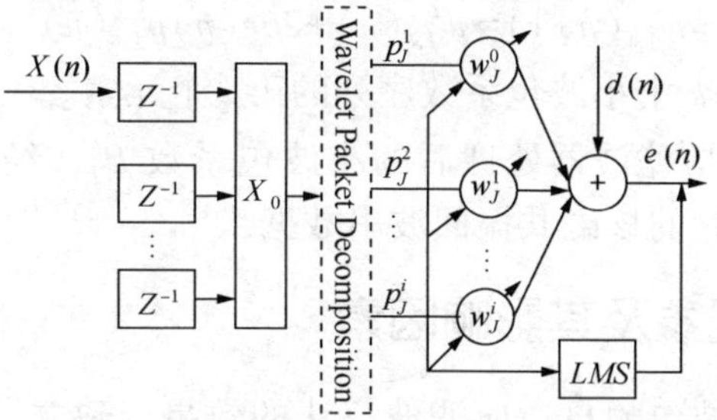

图 3-14　小波包阈自适应滤波算法流程图

图 3-14 中，$X(n)$ 为滤波器的输入信号，该输入信号为含噪声回波串信号经过式(3-1)所示小波包分解过程得到的小波包系数序列。X_0 为 $X(n)$ 经过延迟后构成的输入信号，即 $X_0=[x(n),\ x(n-1),\ \cdots,\ x(n-m+1)]^T$；$P^i_J$ 为信号 X_0 经过分解后的第 J 层上的小波包系数，包括高频系数和低频系数两部分，$P^i_J=[p^1_{J,0},\ \cdots,\ p^1_{J,2^{-J}N-1},\ \cdots,\ p^i_{J,1},\ \cdots,\ p^i_{J,2^{-J}N-1}]^T$，$i=1,\ 2,\ \cdots,\ 2^J$，$N$ 为输入信号的采样点个数；W^i_J 为第 J 层上的小波包系数序列对应的自适应滤波器的权向量，即 $W^i_J=[w^1_{J,0}w^1_{J,1},\ \cdots,\ w^1_{J,2^{-J}N-1},\ \cdots,\ w^i_{J,0}w^i_{J,1},\ \cdots,\ w^i_{J,2^{-J}N-1}]^T$；$F$ 为自适应滤波器的输出信号，$F=P^i_JW^i_J$；$d(n)$ 为期望信号，本书将 $X(n)$ 经过最优控制小波包阈值算法进行去噪处理，然后再进行小波包分解，由此得到的小波包系数作为期望信号；$e(n)$ 为实际输出与期望输出之间的误差信号，$e(n)=d(n)-F$，由上述可知：

$$e(n)=d(n)-P^i_JW^i_J \tag{3-14}$$

由 LMS 算法可知：

$$W^i_J(n+1)_J=W^i_J(n)+\mu[-\hat{\nabla}_J(n)] \tag{3-15}$$

其中，μ 为小波包系数自适应滤波器的步长；$\hat{\nabla}_J$ 为 W^i_J 对均方误差 $e^2(n)$ 的估计梯度，即：

$$\hat{\nabla}_J(n)=2e(n)\frac{\partial e(n)}{\partial W^i_J(n)} \tag{3-16}$$

将上式写成向量形式如下：

$$\hat{\nabla}_J(n)=2e(n)\left[\frac{\partial e(n)}{\partial w^1_{J,0}(n)},\ \cdots,\ \frac{\partial e(n)}{\partial w^1_{J,2^{-J}N-1}(n)},\ \cdots,\ \frac{\partial e(n)}{\partial w^i_{J,0}(n)},\ \cdots,\ \frac{\partial e(n)}{\partial w^i_{J,2^{-J}N-1}(n)}\right]^{\mathrm{T}}$$

对其中单个元素进行研究，由式(3-14)可知：

$$\frac{\partial e(n)}{\partial w_{J,k}^{i}(n)}=-P_{J}^{i}\frac{\partial W_{J}^{i}(n)}{\partial w_{J,k}^{i}}=-p_{J,k}^{i} \tag{3-17}$$

式中，$k=0,1,\cdots,2^{-J}N-1$。

因此，W_J^i 的调整公式可写为：

$$w_{J,k}^{i}(n+1)=w_{J,k}^{i}(n)+2\mu e(n)p_{J,k}^{i}(n) \tag{3-18}$$

式中，$p_{J,k}^{i}$为第 J 层第 k 个小波包系数序列的第 i 个元素。

将经过 LMS 自适应滤波器处理后的小波包系数 P_J^i，经过式(3-2)所示小波包重构过程得到滤波后的核磁共振回波串数据。

二、“消断”现象及其影响因素

为了检验上述小波包阈自适应滤波算法的效果，建立了孔隙度均为 7.5%的致密砂岩储层中两种常见的 T_2 谱地层模型：小孔占优、小孔单峰。两种模型分别如图 3-17 和图 3-18 中黑线所示。借助式(3-4)进行数值模拟，得到不含噪声的回波串。在不含噪的回波串中加入高斯白噪声，得到两种模型含噪回波串。将小波包阈自适应滤波算法用于上述两种 T_2 谱地层模型核磁共振含噪回波串的去噪处理中。基于最优化的思想，选择 sym7 小波作为最优小波包基函数。小波包分解层数由第二章中方法确定。在进行去噪处理的过程中，发现含有噪声的核磁共振回波信号经过小波包阈自适应滤波算法去噪后在某处出现了前、后两段形态迥异，像是被断开的现象。该现象是由消噪引起的，因此，命名其为“消断”现象，如图 3-15(a)所示。将小波包阈自适应滤波算法应用到实际核磁共振测井得到的回波串的去噪中，发现在对实际数据进行去噪时该现象更为突出，如图 3-15(b)所示。为了进行算法去噪效果的比较，对小波阈自适应滤波算法也进行了研究。结果发现，当将小波阈自适应滤波算法用于理论和实际含噪核磁共振回波信号去噪处理时，该现象依然存在。

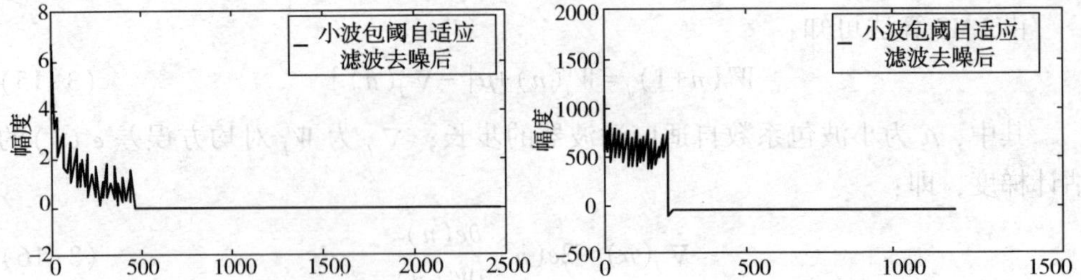

图 3-15　核磁共振回波信号小波包阈自适应滤波时的“消断”现象

为了考察“消断”现象与哪些因素有关，分别改变回波串数据信噪比、回波间隔、回波个数及滤波器阶数，基于单一变量准则，进行数值模拟，所得结果如表 3-6~表 3-9 所示。

表 3-6　数据信噪比对“消断”分解尺度的影响

信　噪　比	3.0342	6.1078	9.0755	12.0191	15.0242
“消断”分解尺度	2、3	2、3	2、3	2、3	2、3

注：回波间隔为 0.3ms；回波个数为 1024。

表 3-7　回波间隔对“消断”分解尺度的影响

回波间隔/ms	0.3	0.6	0.9	1.2	1.5
“消断”分解尺度	2、3、4	2、3、4	2、3、4	2、3、4	2、3、4

注：回波串个数为 2048；信噪比为 4.9001。

表 3-8　回波串个数对“消断”分解尺度的影响

回波串个数	512	1024	2048	4096	8192
“消断”分解尺度	2	2、3	2、3、4	2、3、4、5	2、3、4、5、6

注：回波间隔为 0.3ms；信噪比为 9.5074。

表 3-9　不出现“消断”现象的最小滤波器阶数

滤波器阶数	255	132	70	40	15
分解尺度	2	3	4	5	6

注：回波串个数为 1024；信噪比为 6.0318。

由表 3-6~表 3-9 可知，信噪比为 3~15 时，对消断分解尺度没有影响。此时，“消断”现象只与核磁共振回波串个数以及自适应滤波器阶数有关，与回波间隔没有关系。实际核磁共振测井由于要考虑采集的效率，回波串个数一般不会太大。当回波个数为 512 时，应选择分解尺度不小于 3；当回波个数为 1024 时，应选择分解尺寸不小于 4；当回波个数为 2048 时，应选择分解尺度不小于 5。

为了解“消断”现象对于核磁共振回波数据反演结果的影响，对上述两种 T_2 谱地层模型模拟得到的含噪回波串信号进行小波包阈自适应滤波和小波阈自适应滤波处理，在“消断”现象存在的条件下，采用奇异值分解算法进行反演，所得结果如图 3-16 所示，图中 WDAF 代表小波阈自适应滤波，WPDAF 代表小波包阈自适应滤波。

“消断”现象导致核磁共振回波数据反演时得到的 T_2 谱形态和真实的地层模型存在较大差异，利用其反演得到的 T_2 谱确定储层物性参数、识别流体等，难免会出现较大误差。

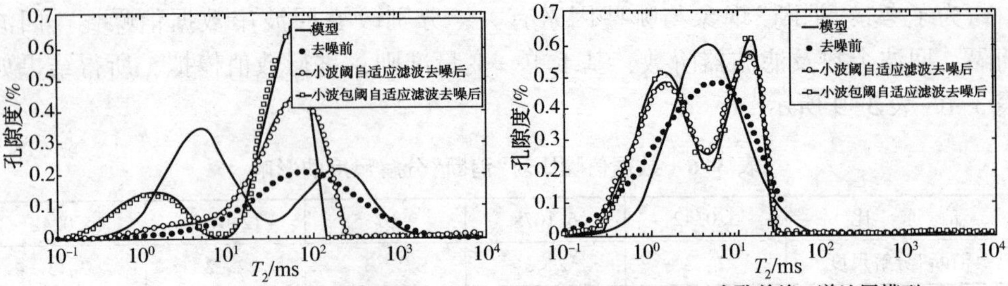

(a)小孔双峰T_2谱地层模型　　(b)小孔单峰T_2谱地层模型

图 3-16 “消断”现象对反演得到的 T_2 谱的影响

(a)中参数：回波个数为 1024；分解尺度为 2；滤波器阶数为 100；

(b)中参数：回波个数为 2048；分解尺度为 2；滤波器阶数为 100

三、变阶数处理及数值模拟验证

由上可知“消断”现象受回波串个数、分解尺度和滤波器阶数 3 个因素的控制。对于一个确定的核磁共振测井信号，其回波串个数是一定的。分解尺度借助最优控制的方法自动确定，也是无法人为改变的。为了消除“消断”现象的存在对 T_2 谱反演结果的影响，提出一种自动搜索匹配的变阶数处理方案。由于核磁共振测井仪器下井之前，相应的采集参数是固定的，因此，不同的深度点采集到的回波串个数是固定的。首先分析回波串个数固定的给定信号，不同分解尺度不发生“消断”现象的最小滤波器阶数，然后改进算法程序，借助自动搜索，使在对每个深度点上采集到的信号进行小波包阈自适应滤波处理时，滤波器阶数和最优分解尺度自动匹配。由于小波类分解方法应用到工程上时，一般分解尺度在 10 以内，因此，自动搜索变阶数时，仅需要匹配极少的几对分解尺度和滤波器阶数，从而使得这种变阶数处理的方法具有简单、实用的特点。

为了检验上述变阶数小波包阈自适应滤波算法的去噪效果，将变阶数小波包阈自适应滤波算法用于上述两种 T_2 谱地层模型模拟得到的不同信噪比的核磁共振回波数据的去噪处理，所得结果分别如图 3-17、图 3-18 所示。

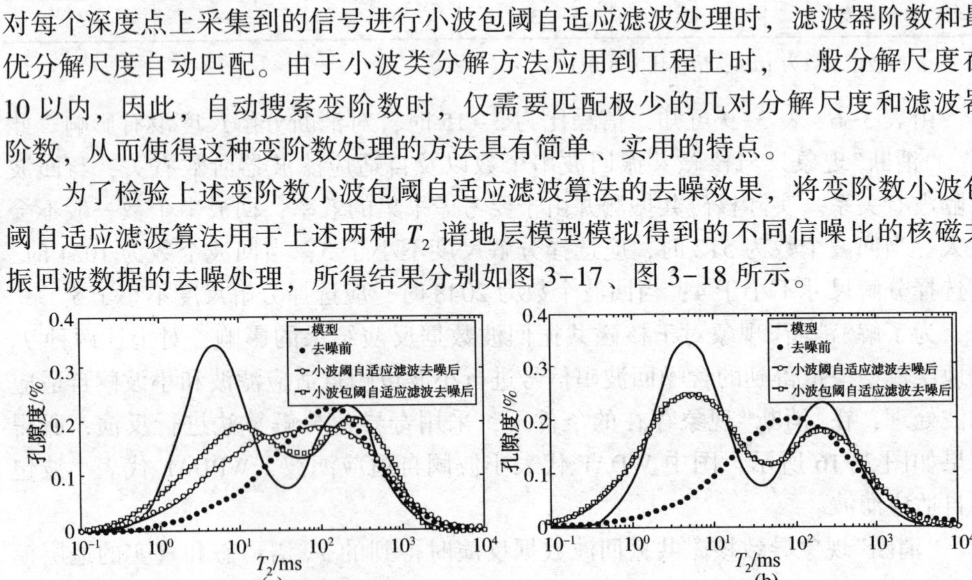

图 3-17 变阶数小波包阈自适应滤波在小孔双峰 T_2 谱地层模型核磁共振回波数据中的应用效果

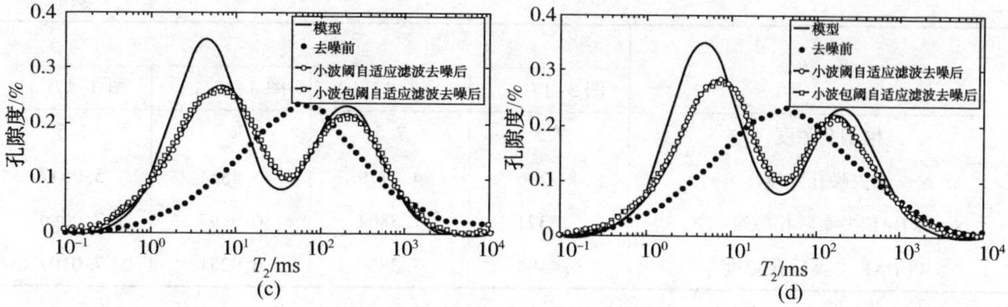

图 3-17　变阶数小波包阈自适应滤波在小孔双峰 T_2 谱地层模型核磁共振回波数据中的应用效果(续)

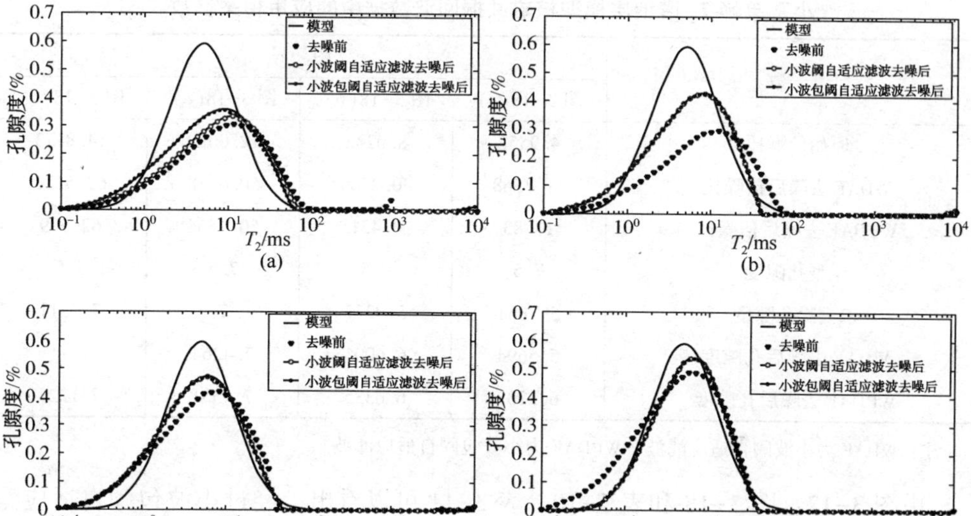

图 3-18　变阶数小波包阈自适应滤波在小孔单峰 T_2 谱地层模型核磁共振回波数据中的应用效果

图 3-17、图 3-18 中变阶数小波包阈自适应滤波在两种 T_2 谱地层模型核磁共振回波数据中的应用相关参数如表 3-10、表 3-11 所示。

表 3-10　变阶数小波包阈自适应滤波在小孔双峰 T_2 谱地层模型核磁共振回波数据中的应用相关参数

参数	图号			
	图 3-17(a)	图 3-17(b)	图 3-17(c)	图 3-17(d)
原始信噪比	4.9554	8.0196	12.064	14.7757
WDAF 去噪后信噪比	15.126	35.9537	50.6287	53.9478
WPDAF 去噪后信噪比	18.769	35.9712	50.6761	53.9789

续表

参数	图号			
	图 3-17(a)	图 3-17(b)	图 3-17(c)	图 3-17(d)
模型孔隙度	7.5	7.5	7.5	7.5
未去噪孔隙度	4.7706	4.7779	5.4864	5.9547
WDAF 去噪后孔隙度	5.8371	7.3804	6.9197	7.0086
WPDAF 去噪后孔隙度	6.4494	7.3860	6.9251	7.0107

注：WDAF 为小波阈自适应滤波，WPDAF 为小波包阈自适应滤波。

表 3-11　变阶数小波包阈自适应滤波在小孔单峰 T_2 谱地层模型核磁共振回波数据中的应用相关参数

参数	图号			
	图 3-18(a)	图 3-18(b)	图 3-18(c)	图 3-18(d)
原始信噪比	4.9552	8.0242	12.0029	14.8173
WDAF 去噪后信噪比	11.7568	30.2365	50.6438	62.5112
WPDAF 去噪后信噪比	17.83	30.4315	50.7564	62.579
模型孔隙度	7.5	7.5	7.5	7.5
未去噪孔隙度	5.3051	5.0277	7	7.9311
WDAF 去噪后孔隙度	5.5694	6.6005	7.4264	7.11
WPDAF 去噪后孔隙度	6.2232	6.6335	7.4551	7.1226

注：WDAF 为小波阈自适应滤波，WPDAF 为小波包阈自适应滤波。

由图 3-17、图 3-18 和表 3-10、表 3-11 可以看出，经过小波包阈自适应滤波处理后，反演得到的 T_2 谱和真实模型更为接近。当信噪比高于 8 时，小波包阈自适应滤波算法和小波阈自适应滤波算法的去噪效果相当；当信噪比低于 8 时，小波包阈自适应滤波算法的去噪效果优于小波阈自适应滤波算法。因此，相比小波阈自适应滤波，小波包阈自适应滤波算法更适用于低信噪比核磁共振测井数据的滤波处理。经过该算法滤波后，反演得到的 T_2 谱形态上更接近真实的地层模型，所得的储层孔隙度参数也更能反映储层的真实情况。

四、核磁共振测井数据去噪实例

为了检验上述变阶数小波包阈自适应滤波算法在核磁共振测井数据中的应用效果，将该算法应用到某口井 1720～1750m 深度段核磁共振测井数据的去噪处理，比较岩心分析孔隙度与去噪后反演得到的孔隙度，所得结果如图 3-19 所示。

图 3-19 中两种小波类域内自适应滤波算法去噪前后信噪比分布直方图如图 3-20所示。

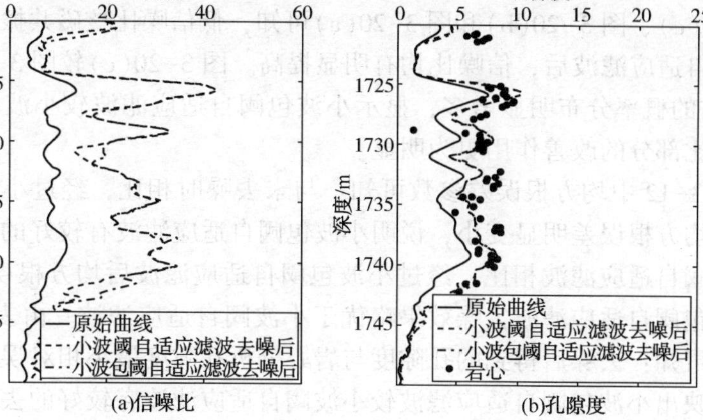

图 3-19　核磁共振测井数据小波包阈自适应滤波后的信噪比和孔隙度

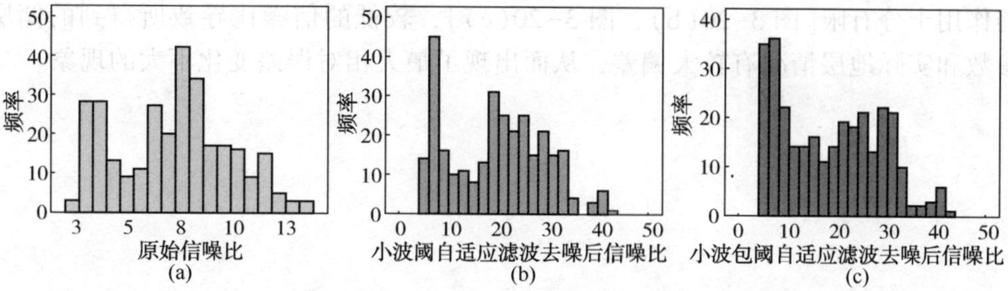

图 3-20　核磁共振测井数据小波类域自适应滤波后的孔隙度

为了定量分析图 3-19 中两种小波类域内自适应滤波算法去噪前后孔隙度与岩心分析孔隙度之间的误差，对深度段 1720~1750m 岩心分析的孔隙度资料进行双三次样条插值，将得到的核磁共振测井对应深度点的岩心孔隙度作为真实岩心分析孔隙度，分析两种小波类域内自适应滤波算法去噪后孔隙度与岩心分析孔隙度之间的误差，所得结果如表 3-12 所示。

表 3-12　两种小波类域内自适应滤波算法去噪前后孔隙度与岩心分析孔隙度的误差

参数	去噪前	WDAF	WPDAF
均方根误差	3.4773	2.6282	2.5214
最小相对误差	0.0064	0.0015	9.6289E-004
最大相对误差	0.825	0.8249	0.8249

注：WDAF 为小波阈自适应滤波，WPDAF 为小波包阈自适应滤波。

由图 3-19 可知，核磁共振测井数据经过小波类域内自适应滤波后，信噪比有了较大提高，去噪后反演所得的孔隙度更接近于岩心分析孔隙度。由

图 3-20(a)可知，该井段核磁共振测井原始数据信噪比较低，均在 15 以下。比较图 3-20(c)、图 3-20(b)和图 3-20(a)可知，低信噪比核磁共振测井数据经过小波类域自适应滤波后，信噪比均有明显提高。图 3-20(c)较图 3-20(b)信噪比在 10 左右的概率分布明显增多，显示小波包阈自适应滤波较小波阈自适应滤波对低信噪比部分的改善作用更为明显。

由表 3-12 中均方根误差参数可知：与未去噪时相比，经过小波包阈自适应滤波后，均方根误差明显变小，说明小波包阈自适应滤波有较好的去噪效果；与经过小波阈自适应滤波相比，经过小波包阈自适应滤波后均方根误差略微变小，说明小波包阈自适应滤波去噪效果略优于小波阈自适应滤波。由表 3-12 中相对误差参数可知：去噪后得到的孔隙度与岩心分析孔隙度最小相对误差有了较明显改善，反映出小波包阈自适应滤波较小波阈自适应滤波有较好的去噪效果。而最大相对误差去噪前后变化不大，其原因可能是较低信噪比的数据，如信噪比在 3 以下的数据[图 3-20(a)]在经过上述两种小波类域内自适应滤波后，信噪比的改善作用十分有限[图 3-20(b)、图 3-20(c)]，较低的信噪比导致所得到的储层参数和实际地层情况有较大偏差，从而出现了最大相对误差变化不大的现象。

第四章　致密砂岩储层二维核磁共振测井数据反演方法

二维核磁共振测井是核磁共振测井技术的重要进展，在储层流体识别和储层参数计算上有着明显优势。然而，由于增加了信息量，二维核磁共振测井数据的不适定性较强，反演难度较大。

第一节　正演模拟及不适定性分析

一、二维核磁共振测井正演模拟

Sun 和 Hürlimann 等(2002)采用扩散编辑的方法，利用两个窗口的自旋回波脉冲序列将二维核磁共振技术引入测井领域。随后，Sun 等(2005)进一步提出使用一个窗口采集不同回波间隔的 CPMG 脉冲序列，将两个耦合的核当作一个核来处理，从而不再需要借助两个窗口来消除 T_2 和扩散系数之间的耦合关系，简化了二维核磁共振数据采集的工作。

忽略极化的影响，即等待时间足够长时，采集到的多组不同回波间隔 T_E 的核磁共振回波串信号可用下式进行描述：

$$f_{ij} = \sum_{k=1}^{q}\sum_{r=1}^{p} s_{kr}\exp\left(-\frac{1}{12}\gamma^2 g^2 T_{E_j}^2 D_r t_i\right)\exp(-t_i/T_{2k}) + \varepsilon_{ij} \qquad (4-1)$$

式中，s 为构造的 T_2-D 谱；q 和 p 为布点数；$i=1, 2, \cdots, n$，n 为每组回波串的回波个数；$j=1, 2, \cdots, m$，m 为回波串组数；$k=1, 2, \cdots, q$；$r=1, 2, \cdots, p$；f_{ij}为回波间隔为 T_{E_j}的第 j 个回波串的第 i 个回波的幅值；s_{kr}为扩散系数为 D_r 和弛豫时间为 T_{2k}时的孔隙所占的总孔隙体积百分比；γ 为旋磁比；T_{E_j}是第 j 个回波串的回波间隔；ε_{ij}为第 j 个回波串的第 i 个回波的噪声。

忽略扩散的影响，即在均匀磁场或回波间隔足够小时，采集到多组不同等待时间 T_W 的核磁共振回波串信号可用下式进行描述：

$$f_{ij} = \sum_{k=1}^{q}\sum_{r=1}^{p} s_{kr}[1-\exp(-T_{W_j}/T_{1r})]\exp(-t_i/T_{2k}) + \varepsilon_{ij} \qquad (4-2)$$

式中，s 为构造的 T_2-T_1 谱；f_{ij}为等待时间为 T_{W_j}的第 j 个回波串的第 i 个回波的孔隙所占的孔隙体积百分比；s_{kr}为纵向弛豫时间为 T_{1r}和横向弛豫时间为 T_{2k}时的孔隙体积百分比；$t_i = TE\times i$；ε_{ij}为噪声项；其余相关参数同式(4-1)。

此外，在式(4-1)和式(4-2)中分别令：

$$A_{ij,kr}=\begin{cases}[1-\exp(-TW_j/T_{1r})]\exp(-t_i/T_{2k})\\ \exp\left(-\dfrac{1}{12}\gamma^2 g^2 TE_j^2 D_r t_i\right)\exp(-t_i/T_{2k})\end{cases} \tag{4-3}$$

则式(4-1)和式(4-2)可以写成如下统一矩阵形式：

$$M_{ij}=s_{ij}A_{ij,kr}+\varepsilon_{ij} \tag{4-4}$$

式(4-4)为第一类算子方程，对该类问题的求解是地球物理勘探研究中的重要课题。

为了研究形如式(4-4)的二维核磁共振测井数据的反演解法，需要模拟得到二维核磁共振测井数据。为此，构造含有轻质油、天然气和地层水的致密砂岩储层 T_2-D 二维核磁共振谱模型(图 4-1)，相应参数如表 4-1 所示。

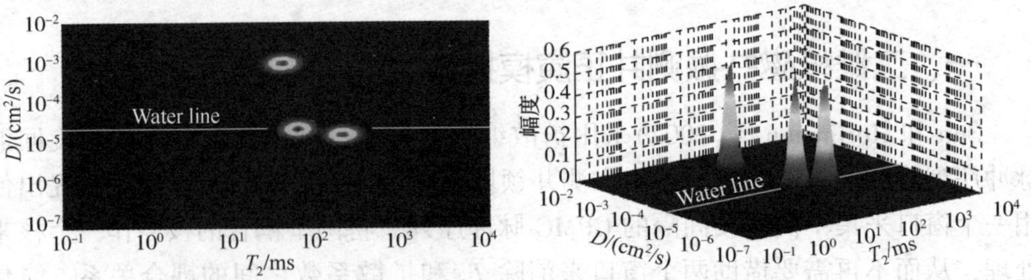

图 4-1　二维核磁共振 T_2-D 分布模型(孔隙度：10%)

表 4-1　二维核磁共振 T_2-D 分布模型参数(孔隙度：10%)

储层流体	T_2/ms	D/(cm²/s)
轻质油	200	1.8e⁻⁵
天然气	40	1e⁻³
地层水	60	2.5e⁻⁵

设计相应的采集参数(表 4-2)，结合式(4-1)，即可采集到相应的二维核磁共振回波串数据(图 4-2)。

表 4-2　二维核磁共振 T_2-D 分布模型采集参数

采集参数	数值	采集参数	数值
回波个数	1024×5	回波间隔/ms	0.6，2.4，9.6，19.2，38.4
磁场梯度/(Gs/cm)	20	布点数	64×64

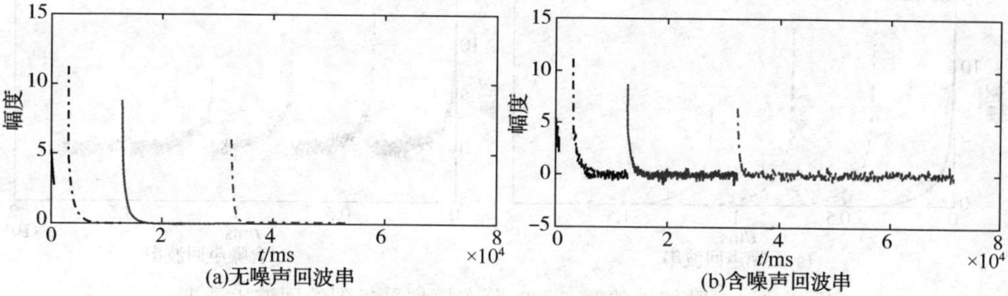

图 4-2　二维核磁共振 T_2-D 分布模型采集到的回波串数据

构造含有轻质油、天然气和地层水的致密砂岩储层二维核磁共振 T_2-T_1 分布模型(图 4-3)，相应参数如表 4-3 所示。

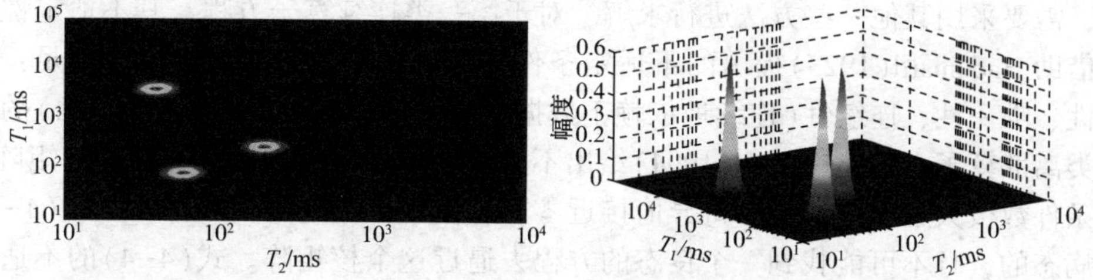

图 4-3　二维核磁共振 T_2-T_1 分布模型(孔隙度：10%)

表 4-3　二维核磁共振 T_2-T_1 分布模型参数(孔隙度：10%)

储层流体	T_2/ms	T_1/ms
轻质油	200	300
天然气	40	4000
地层水	60	90

设计相应的采集参数(表 4-4)，结合式(4-2)，即可采集到相应的二维核磁共振回波串数据(图 4-4)。

表 4-4　二维核磁共振 T_2-T_1 分布模型采集参数

采集参数	数值
回波个数	1024×5
等待时间/ms	15000，3000，600，90，12
回波间隔/ms	3. 6
布点数	64×64

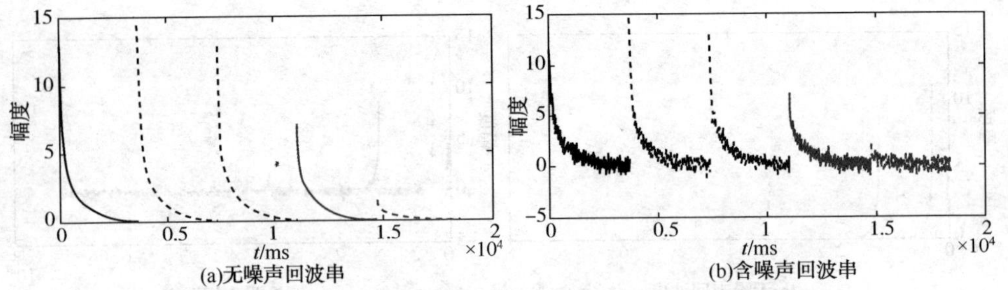

图 4-4　二维核磁共振 T_2-T_1 分布模型采集到的回波串数据

二、不适定性分析

所谓不适定性是指反问题数值解的不稳定性。不适定问题如果用传统的线性代数方法(如：高斯消去法、QR 分解法)求解，所得解会远离问题的真实解，因此，需要采用其他一些方法进行求解。对于第一类连续算子方程，其不适定性可以借助 Hadamard(1923)提出的不适定条件进行判定，即不能同时完全满足：存在性、唯一性、连续性(连续地依赖于数据项)3 个条件。对于形如式(4-4)的第一类离散算子方程，Hansen(1994)给出不适定性条件进行判定，即满足核矩阵 A 的条件数极大且相应的最小奇异值接近零。若满足该不适定性条件，则式(4-4)是病态的，且不可能找到一个良态的方程去逼近这个核矩阵。式(4-4)的不适定程度可以借助皮卡德准则进行判断，并以此选择恰当的正则化方法进行处理。借助皮卡德准则考察式(4-4)的傅里叶系数(u_i, f)趋于 0 的速率在平均意义下是否快于核矩阵 A 的奇异值。直观上，若 $|u_i^T f|$ 曲线全部或部分在 σ_i 曲线的下方，则利用正则化方法可以求解方程，反之，模型具有极强的不适定，数据被噪声严重污染，所有正则化方式对式(4-4)都无能为力。为了考察式(4-4)的不适定程度，变化式(4-1)和式(4-2)中噪声项 ε_{ij} 的含量如表 4-5 和表 4-6 所示，所得皮卡德曲线如图 4-5 和图 4-6 所示。图 4-5 和图 4-6 中，横坐标为 $|u_i^T f|$ 和 σ_i 的个数，即 i 值；纵坐标为 $|u_i^T f|$ 和 σ_i 的计算值。

表 4-5　二维核磁共振 T_2-D 分布模型皮卡德曲线噪声量

编号	(a)	(b)	(c)	(d)	(e)	(f)
信噪比	∞	101.7157	78.647	59.2127	40.4149	20.2736
噪声水平	0	0.1448	0.1858	0.247	0.2818	0.7492

表 4-6　二维核磁共振 T_2-T_1 分布模型皮卡德曲线噪声量

编号	(a)	(b)	(c)	(d)	(e)	(f)
信噪比	∞	99.2181	79.3679	59.4643	39.8301	20.0877
噪声水平	0	0.1455	0.1496	0.1814	0.3625	0.7315

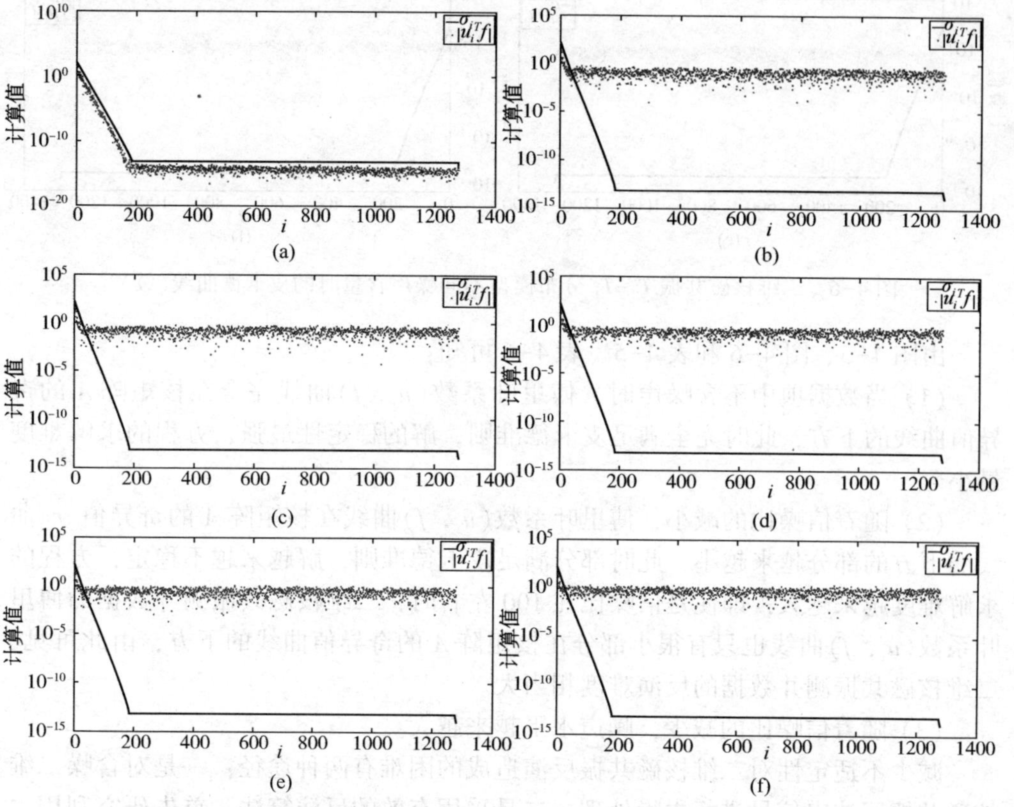

图 4-5　二维核磁共振 T_2-D 分布模型不同噪声含量时的皮卡德曲线

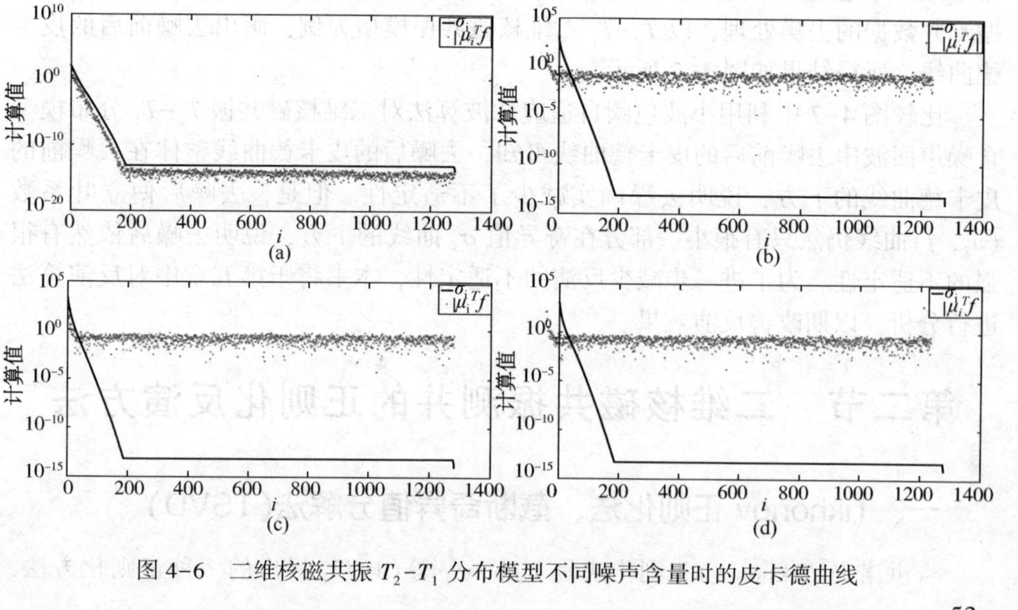

图 4-6　二维核磁共振 T_2-T_1 分布模型不同噪声含量时的皮卡德曲线

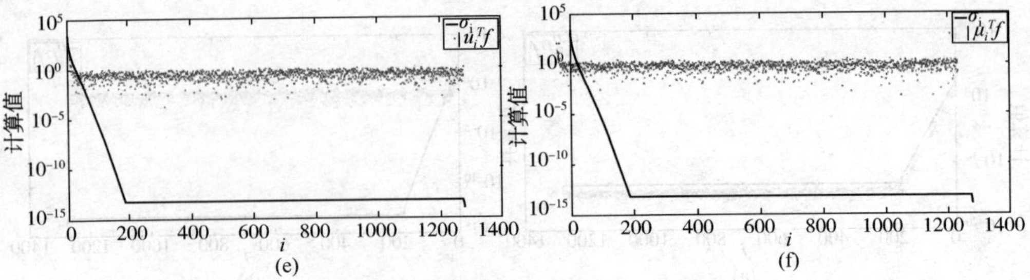

图 4-6　二维核磁共振 T_2-T_1 分布模型不同噪声含量时的皮卡德曲线(续)

由图 4-5、图 4-6 和表 4-5、表 4-6 可知:

(1) 当数据项中不含噪声时，傅里叶系数(u_i, f)曲线完全在核矩阵 A 的奇异值曲线的下方，此时完全满足皮卡德准则，解的稳定性最强，方程的求解难度最小。

(2) 随着信噪比的减小，傅里叶系数(u_i, f)曲线在核矩阵 A 的奇异值 σ_i 曲线的下方的部分越来越小，此时部分满足皮卡德准则，解越来越不稳定，方程的求解难度越来越大；即使是信噪比在 100 左右时，二维核磁共振测井数据的傅里叶系数(u_i, f)曲线也只有很小部分在核矩阵 A 的奇异值曲线的下方，由此可见，二维核磁共振测井数据的反演难度相当大。

(3) 随着信噪比的减少，噪声水平越来越大。

减少不适定性对二维核磁共振反演造成的困难有两种途径：一是对含噪二维核磁共振回波串信号进行去噪处理，二是采用有效的反演算法。首先研究利用去噪来减少不适定性，将第二章中介绍的小波包阈自适应滤波算法用于二维核磁共振测井数据的去噪处理，以 T_2-T_1 二维核磁共振模型为例，画出去噪前后的皮卡德曲线，所得结果如图 4-7 所示。

比较图 4-7 中利用小波包阈自适应滤波算法对二维核磁共振 T_2-T_1 分布模型含噪声回波串去噪前后的皮卡德曲线可知，去噪后的皮卡德曲线整体在去噪前的皮卡德曲线的下方，说明去噪确实减少了不适定性。但是，去噪后傅立叶系数(u_i, f)曲线仍然只有很小一部分在奇异值 σ_i 曲线的下方，说明去噪后依然有很强的不适定性。为了进一步减少反演的不适定性，本书将于第五章中对反演算法进行分析，以期改善反演效果。

第二节　二维核磁共振测井的正则化反演方法

一、Tikhonov 正则化法、截断奇异值分解法(TSVD)

吉洪诺夫(Tikhonov)正则化法是 Tikhonov 等(1977)提出的一种正则化方法，

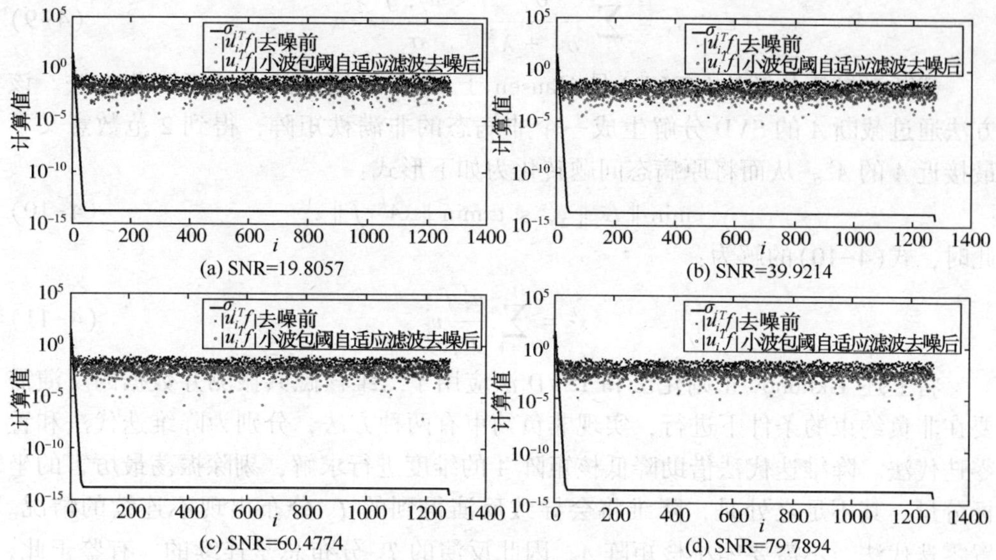

(a) SNR=19.8057
(b) SNR=39.9214
(c) SNR=60.4774
(d) SNR=79.7894

图 4-7 二维核磁共振 T_2-T_1 分布模型去噪前后的皮卡德曲线

其基本思想是对原问题加入解的 2-范数最小附加条件。

$$\min\{\|sA-f\|_2^2+\lambda^2\|Ls\|_2^2\} \tag{4-5}$$

式中，λ 为正则化参数；L 为正则化矩阵，一般取单位阵 I_n 或 $(n-p)$ 阶导数算子的矩阵近似形式。

由式(4-5)可知，Tikhonov 正则化的实质是将原问题的求解转化为在数据的拟合程度(第一项)和解的范数最小(第二项)之间达到某种折中的问题。λ 控制着残差的范数 $\|sA-f\|_2$ 和附加约束条件 $\Omega(s)=\|Ls\|_2$ 之间的权重。λ 的选择恰当与否，在正则化问题中起着重要作用。当 λ 取值较大时，可以使所求解的范数较小，但这样做以牺牲残差 $\|sA-f\|_2$ 为代价。若 λ 选取较小，所求得解的残差较小，但使解的范数不能达到最小。一般的，λ 的选取范围是 $\sigma_n\leqslant\lambda\leqslant\sigma_1$。

当 L 为单位阵时，式(4-5)转化为：

$$\min\{\|sA-f\|_2^2+\lambda^2\|s\|_2^2\} \tag{4-6}$$

此式称为 Tikhonov 正则化的标准形式。Tikhonov 正则化的标准形式不适合于数值计算，将其转化为下面的形式：

$$\min\left\|s\begin{pmatrix}A\\ \lambda I\end{pmatrix}-\begin{pmatrix}f\\ 0\end{pmatrix}\right\|_2 \tag{4-7}$$

式中，I 是 n 阶单位矩阵。

可以证明，求 Tikhonov 正则化解 s_λ 等价于求下述方程的解：

$$s_\lambda(A^TA+\lambda^2I_n)=A^Tf \tag{4-8}$$

根据矩阵 A 的奇异值分解，可以将 Tikhonov 正则化问题的解表示为：

$$s_\lambda = \sum_i^n \frac{\sigma_i^2}{\sigma_i^2 + \lambda^2} \frac{< u_i, f >}{\sigma_i} v_i \tag{4-9}$$

截断奇异值分解法(TSVD)是 Hansen 于 1990 年提出的一种正则化方法。该方法通过截断 A 的 SVD 分解生成一个非病态的非满秩矩阵，得到 2 范数意义下最接近 A 的 A^k。从而将原病态问题转化为如下形式：

$$\min \| Ls \|_2, \text{ s. t. } \min \| sA^k - f \|_2 \tag{4-10}$$

此时，式(4-10)的解为：

$$s^k = \sum_{i=1}^k \frac{u_i^T f}{\sigma_i} v_i \tag{4-11}$$

将上述 Tikhonov 正则化法和 TSVD 法应用于二维核磁共振测井数据的反演需要在非负约束的条件下进行，实现非负约束有两种方法，分别为降维迭代法和置零迭代法。降维迭代法借助降低核矩阵 A 的维度进行求解，剔除振荡最厉害的坐标分量。其不足之处是，降维将会导致反演得到的 T_2 分布出现不连续的情况。置零迭代法，不需要缩小核矩阵 A，因此反演的 T_2 分布总是连续的。有鉴于此，将置零迭代法用于 Tikhonov 正则化法和 TSVD 法的非负约束，其具体算法流程如下：

(1) 设初始值 $s^{(0)}$；

(2) 计算 $\Delta f^{(k)} = f - s^{(k)} A$，$k$ 是第 k 次迭代标号；

(3) 利用 Tikhonov 正则化法和 TSVD 法计算最优解 $\Delta s_{LS}^{(k)}$；

(4) 计算 $s^{(k+1)} = s^{(k)} + \Delta s_{LS}^{(k)}$；

(5) 将 $s^{(k+1)}$ 小于零的项改为零，返回步骤(2)重新计算，直到解满足非负约束条件为止。

二、*L* 曲线法与广义校验法(GCV)

利用上述 Tikhonov 正则化法和 TSVD 法进行二维核磁共振测井数据反演时，分别需要确定正则化参数 λ 和 k。正则化参数的选取直接影响到算法的精度和效率，成为正则法方法中相当关键的问题。遗憾的是，没有任何一种正则化选取方法是普遍适用的，针对不同的问题只能在尝试中选取一个相对较好的正则化参数选取方案。

目前常用的几种正则化选取方法可以分为两类。对于形如 $sA + e = f$ 的模型，e 为数据项中的噪声，第一类正则化参数的选取方法是不知 e 的情况，尽可能从数据项 f 中提取必要的信息；第二类正则化参数的选取方法为已知或可以较好估计 e 的情况，该类方法较少，仅有 Morozov 偏差原理。该方法的优点是思想简单，便于进行理论分析，当 $\| e \|_2 \to 0$ 时，$s_r \to s^*$，其中 s^* 为问题的真实解。不足之处在于难于验证，求得的正则化解往往过度平滑。第一类的方法中常见的有 L 曲

线方法和广义交叉验证法(GCV)。Hansen(1992)将 L 曲线法引入正则化领域，作为正则化参数选取的方法。具体做法是将正则化解 $\eta(\lambda)=\|s_\lambda\|_2$ 的范数和正则化解的残差范数 $\rho(\lambda)=\|f-s_\lambda A\|_2$ 分别作为因变量和自变量在直角坐标系上成图，所得曲线具有字母 L 的特征。借助该曲线可以对正则化方法特性进行分析，进而确定正则化参数。事实上，正则化方法的实质是将不适定问题适定化，在适定问题残差范数和解的范数之间寻求平衡。以 Tikhonov 正则化为例，正则化参数 λ 代表解的范数的权，增大时，$\eta(\lambda)=\|s_\lambda\|_2$ 变小，相应地残差 $\rho(\lambda)=\|f-s_\lambda A\|_2$变大；反之，当正则化参数 λ 变小时，正则化解的范数 $\eta(\lambda)=\|s_\lambda\|_2$变大，残差 $\rho(\lambda)=\|f-s_\lambda A\|_2$ 变小。当参数 λ 从小变到大时，由点 $[\log_{10}\rho(\lambda),\log_{10}\eta(\lambda)]$形成 L 曲线的拐点处达到平衡。拐点处曲率最大，计算曲率即可确定拐点。L 曲线曲率的计算公式如下：

$$k(\lambda)=2\frac{p'q''-p''q'}{[(p')^2+(q')^2]^{3/2}} \tag{4-12}$$

式中，$p=2\log\rho$，$q=2\log\eta$；p'和 q'分别表示 p 和 q 关于 λ 一阶导数，p''和 q''分别表示 p 和 q 关于 λ 的二阶导数；进一步记 $\tilde{\rho}=\rho^2=\|f-s_\lambda A\|_2^2$，$\tilde{\eta}=\eta^2=\|s_\lambda\|_2^2$，则由 Tikhonov 正则化解的表达式(4-9)，可以方便地给出 $\tilde{\rho}$ 和 $\tilde{\eta}$ 的导数表达式：

$$\tilde{\rho}=\frac{4}{\lambda}\sum_{i=1}^{n}(1+x_i)^2x_i\beta_i^2,\ \tilde{\eta}=-\frac{4}{\lambda}\sum_{i=1}^{n}(1-x_i)^2x_i\frac{\beta_i^2}{\sigma_i^2} \tag{4-13}$$

式中，x_i 为滤波因子；$x_i=\sigma_i^2/(\sigma_i^2+\lambda^2)$；$\beta_i=(u_i,\ b)$为傅立叶系数；$\sigma_i$ 为核矩阵 A 的奇异值。

把式(4-13)代入式(4-12)，得到曲率的表达式为：

$$k(\lambda)=2\frac{\tilde{\eta}\tilde{\rho}}{\tilde{\eta}'}\frac{\lambda^2\tilde{\eta}'\tilde{\rho}+2\lambda\tilde{\eta}\tilde{\rho}+\lambda^4\tilde{\eta}\tilde{\eta}'}{(\lambda^2\tilde{\eta}^2+\tilde{\rho}^2)^{3/2}} \tag{4-14}$$

Tikhomov 正则化是选取连续正则化参数的代表。当需要选取的正则化参数是离散整数时，Hansen 建议考察若干参考点，利用样条函数来拟合 L 曲线，进而确定正则化参数。

第一类正则化参数中另一种较常见的正则化参数选取方法是源于统计学的 GCV 法。考察剔除一个数据项后，利用剩余数据项的反演结果能否有效预测该剔除项。逐点剔除数据项中所有的数据，重复上一步骤，计算预测误差来作为衡量的尺度，预测误差最小时的剩余数据项对应的参数即为最优参数。基于此，Golub 给出了确定正则化参数的 GCV 函数：

$$\mathrm{GCV}(\lambda)\equiv\frac{\|f-s_rA\|_2^2}{[tr(I-A^{\#})]^2}=\frac{\|(I-AA^{\#})f\|_2^2}{[tr(I-AA^{\#})]^2} \tag{4-15}$$

式中，$A^{\#}$为正则化矩阵；$s_r=A^{\#}f$；tr 为方阵的迹，即方阵的对角线诸元素之和，常用统计学上的迹估计器进行估计。

以 Tikhomov 正则化为例，当 $L=I$，$s_0=0$，且假设核矩阵 A 是满秩的，核矩阵 A 的奇异值分解如式 $A=U\sum V^T=\sum_{i=1}^{n}u_i\sigma_i v_i^T$，则式(4-15)中的分母估计为：

$$tr(I-AA^{\#})=tr[I-A(A^TA+\lambda^2 I)^{-1}A^T]=m-n+\sum_{i=1}^{n}\frac{\lambda^2}{\sigma_i^2+\lambda^2} \quad (4-16)$$

利用式(4-16)时，需要对核矩阵 A 进行 SVD 分解，降低了运算速率。为了避免 SVD 分解可以选用另一个迹估计器：

$$tr(I-AA^{\#})=m-n+tr(A^TA+\lambda I)^{-1},\ m>n \quad (4-17)$$

或：

$$tr(I-AA^{\#})=tr(A^TA+\lambda I)^{-1},\ m<n \quad (4-18)$$

三、数值模拟及结果分析

将前面所述两种正则化方法和两种正则化参数的选取方法用于正演模拟得到的含不同噪声量的核磁共振回波串数据的反演处理，选取均方根误差、L_2 范数相对误差作为评价参数来考察反演得到的谱和模型谱之间的吻合程度。均方根误差的定义见式(3-12)，L_2 范数相对误差 L_{2NRE} 如下：

$$L_{2NRE}=\sqrt{\frac{\sum_{i=1}^{n}(S_{inv,\ i}-S_{mod,\ i})^2}{\sum_{i=1}^{n}S_{mod,\ i}^2}} \quad (4-19)$$

式中，$S_{inv,i}$ 和 $S_{mod,i}$ 分别为反演得到的 T_2-T_1 分布和模型 T_2-T_1 分布。

首先，比较两种正则化参数的选取方法，以二维核磁共振 T_2-T_1 分布模型为例，分别将 L 曲线法和 GCV 法用于 Tikhomov 正则化法中，画出最后一次迭代的 L 曲线和 GCV 曲线以及反演得到的二维谱，所得结果如图 4-8 所示，相应参数如表 4-8 所示。图 4-8(a_1)~图 4-8(a_4)为信噪比约为 20 时，Tikhomov 正则化法的反演结果，其中，图 4-8(a_1)为最后一次迭代时利用 L 曲线法选择的正则化参数，图 4-8(a_2)为利用 L 曲线法选择正则化参数，Tikhomov 正则化法最终得到的反演结果，图 4-8(a_3)为最后一次迭代时利用 GCV 法选择的正则化参数，图 4-8(a_4)为利用 GCV 法选择正则化参数，Tikhomov 正则化法最终得到的反演结果。图 4-8(b_1)~图 4-8(b_4)、图 4-8(c_1)~图 4-8(c_4)、图 4-8(d_1)~图 4-8(d_4)分别为信噪比约为 40、60、80 时对应的反演结果。

比较表 4-7 中编号采用 L 曲线法和 GCV 法后得到的评价参数和图 4-8 中对应的图件可知，利用 GCV 法选择正则化参数可以得到较 L 曲线法更好的反演效果。比较表 4-7 中均方根误差和 L_2 范数相对误差两个评价参数和图 4-8 中对应的图件可知，随着信噪比的增大，Tikhonov 正则化法的反演精度有所提高。

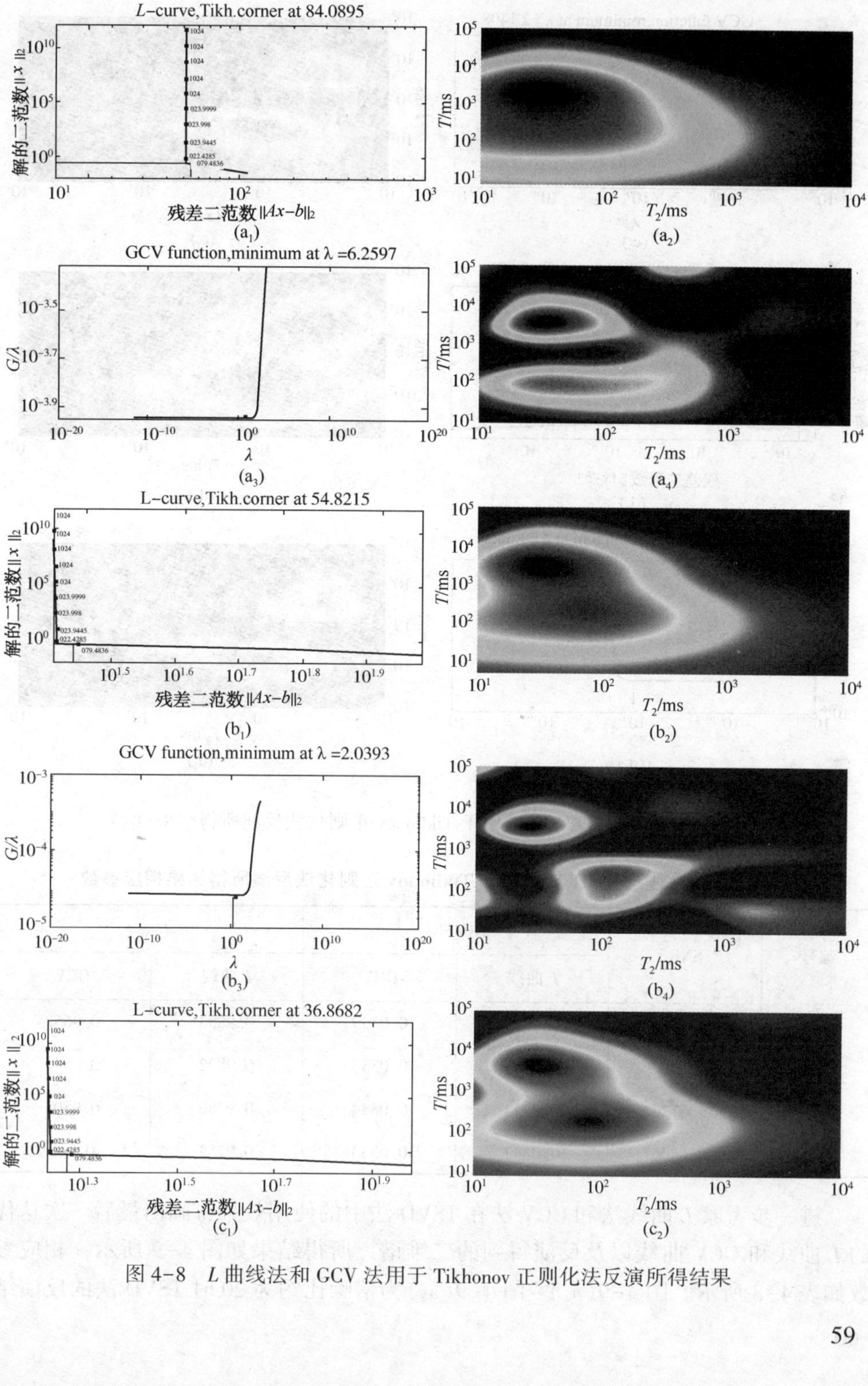

图 4-8　L 曲线法和 GCV 法用于 Tikhonov 正则化法反演所得结果

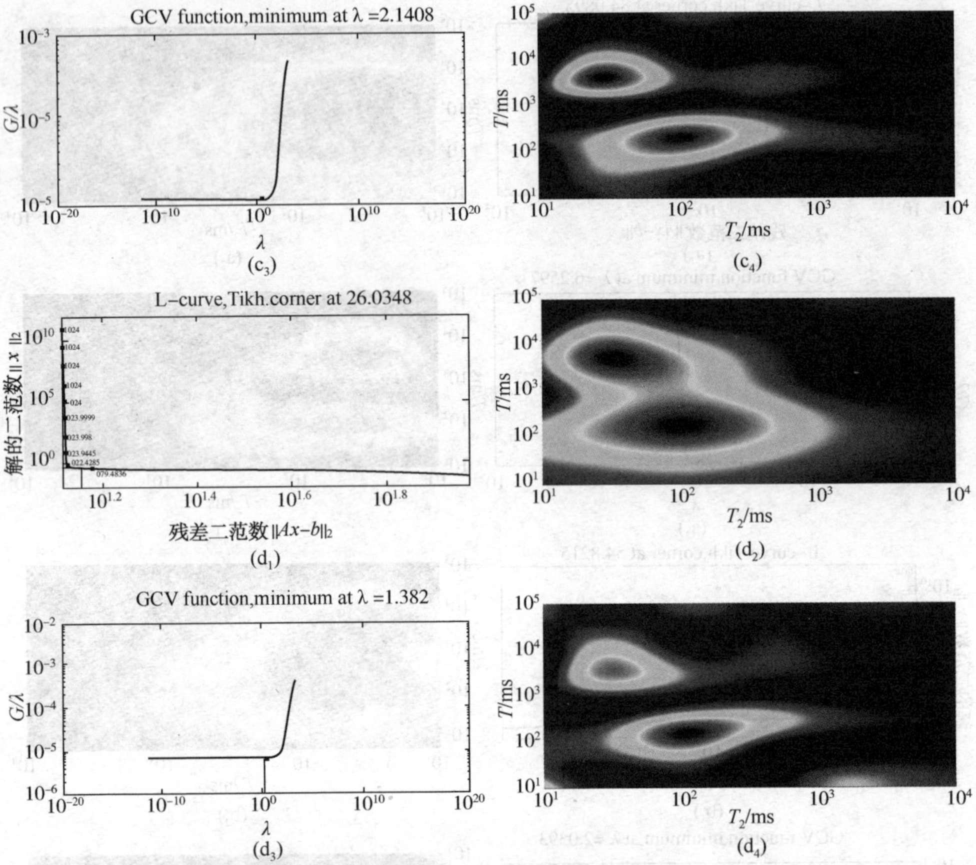

图 4-8　*L* 曲线法和 GCV 法用于 Tikhonov 正则化法反演所得结果(续)

表 4-7　*L* 曲线法和 GCV 法用于 Tikhonov 正则化法反演所得结果相应参数

编号	SNR	RMSE		L_{2NRE}	
		L 曲线	GCV	*L* 曲线	GCV
(a)	20. 1413	0. 0346	0. 0339	0. 9853	0. 9652
(b)	40. 221	0. 0345	0. 0335	0. 9822	0. 9545
(c)	59. 6126	0. 0344	0. 0334	0. 9786	0. 9503
(d)	80. 1506	0. 0343	0. 0333	0. 9752	0. 948

进一步考察 *L* 曲线法和 GCV 法在 TSVD 法中的使用效果，画出最后一次迭代的 *L* 曲线和 GCV 曲线以及反演得到的二维谱，所得结果如图 4-9 所示，相应参数如表 4-8 所示。图 4-9(a_1)~图 4-9(a_4)为信噪比约为 20 时 TSVD 法的反演结

果，其中，图 4-9(a_1)为最后一次迭代时利用 L 曲线选择的正则化参数，图 4-9(a_2)为利用 L 曲线法选择正则化参数，TSVD 法最终得到的反演结果，图 4-9(a_3)为最后一次迭代时利用 GCV 法选择的正则化参数，图 4-9(a_4)为利用 GCV 法选择正则化参数，TSVD 法最终得到的反演结果。图 4-9(b_1)~图 4-9(b_4)、图 4-9(c_1)~图 4-9(c_4)、图 4-9(d_1)~图 4-9(d_4)分别为信噪比约为 40、60、80 时对应的反演结果。

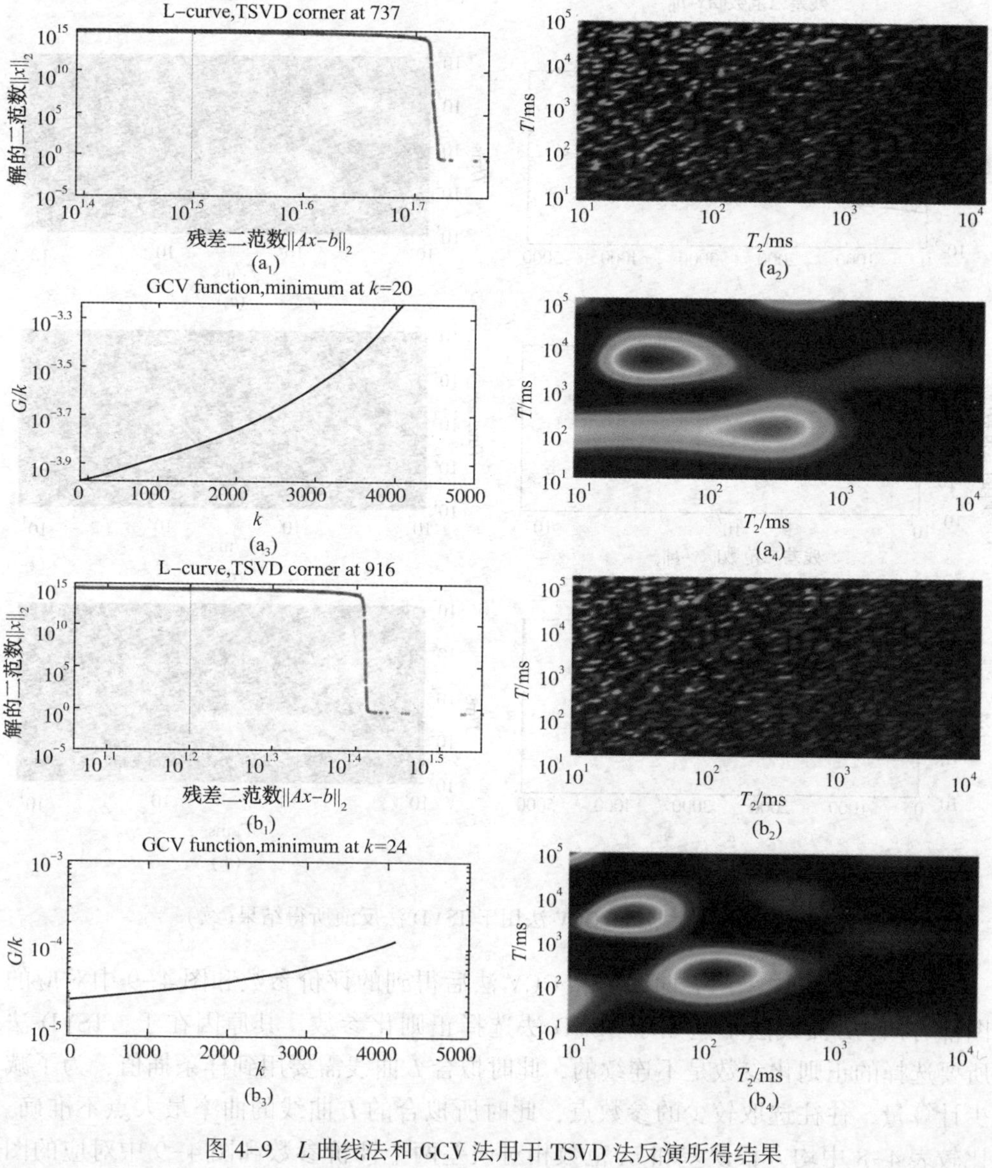

图 4-9　L 曲线法和 GCV 法用于 TSVD 法反演所得结果

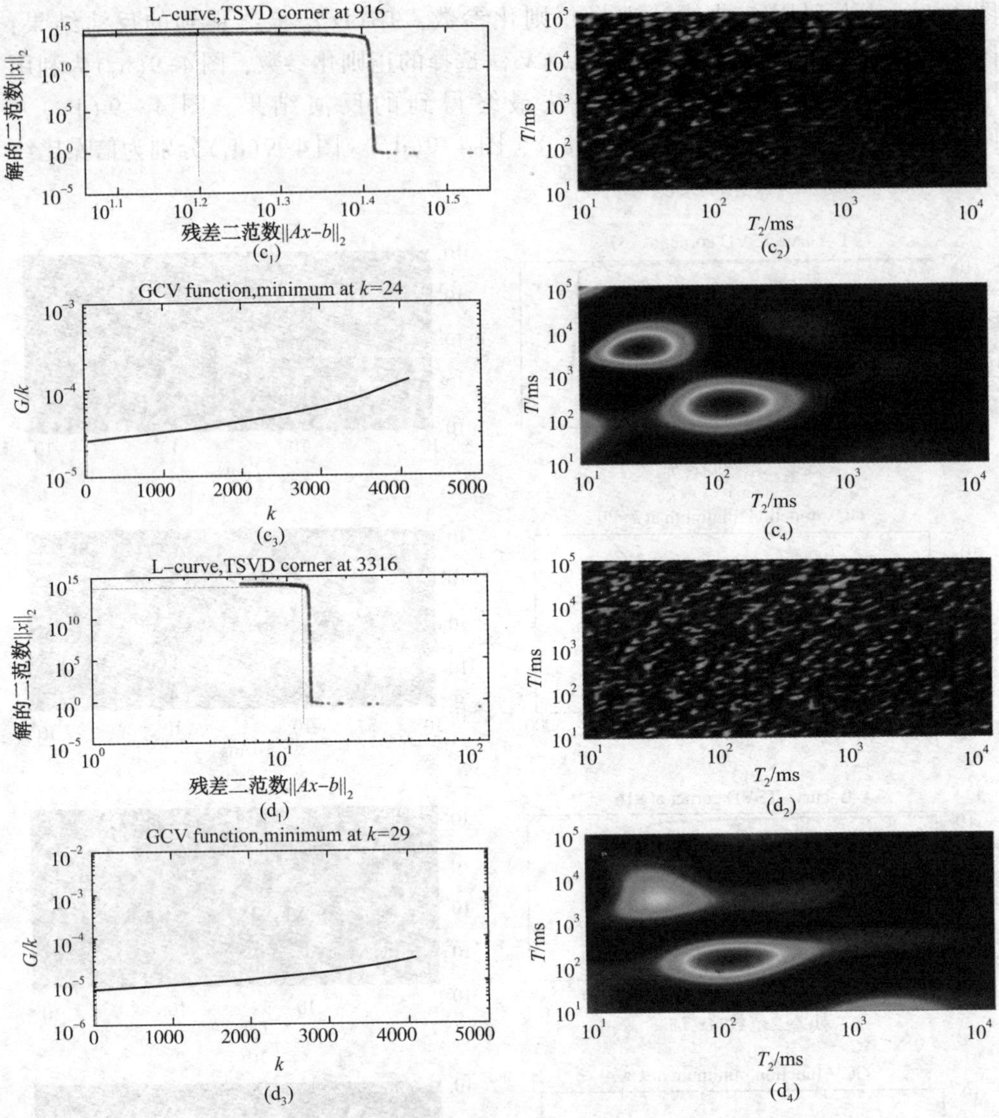

图 4-9　L 曲线法和 GCV 法用于 TSVD 法反演所得结果(续)

比较表 4-8 中采用 L 曲线法和 GCV 法后得到的评价参数和图 4-9 中对应的图件可知，L 曲线法不适用于 TSVD 法选择正则化参数。其原因在于，TSVD 法所要选择的正则化参数是不连续的，此时拟合 L 曲线需要用到样条插值，为了减少计算量，往往选取较少的参数点，此时所拟合的 L 曲线的曲率最大点不准确。比较表 4-8 中均方根误差和 L_2 范数相对误差两个评价参数和图 4-9 中对应的图件可知，随着信噪比的增大，TSVD 法的反演精度有所提高。

表 4-8　L 曲线法和 GCV 法用于 TSVD 法反演所得结果相应参数

编号	SNR	RMSE		L_{2NRE}	
		L 曲线	GCV	L 曲线	GCV
(a)	20.1413	NaN	0.0337	NaN	0.9674
(b)	40.221	NaN	0.0336	NaN	0.9595
(c)	59.6126	NaN	0.0334	NaN	0.9552
(d)	80.1506	NaN	0.033	NaN	0.9501

注：NaN 代表数字无意义。

选择 GCV 法作为正则化参数选取的方法，进一步比较 Tikhonov 正则化法和 TSVD 法的反演效果，画出最后一次迭代的 GCV 曲线以及反演得到的二维谱，所得结果如图 4-10 所示，相应参数如表 4-9 所示。图 4-10(a_1)~图 4-10(a_4)为信噪比约为 20 时 Tikhonov 正则化法的反演结果，其中，图 4-10(a_1)为最后一次迭代时利用 GCV 法选择的用于 TSVD 法反演的正则化参数，图 4-10(a_2)为利用 GCV 法选择正则化参数，TSVD 法最终得到的反演结果，图 4-10(a_3)为最后一次迭代时利用 GCV 法选择的用于 Tikhonov 正则化法反演的正则化参数，图 4-10(a_4)为利用 GCV 法选择正则化参数，Tikhonov 正则化法最终得到的反演结果。图 4-10(b_1)~图 4-10(b_4)、图 4-10(c_1)~图 4-10(c_4)、图 4-10(d_1)~图 4-10(d_4)分别为信噪比约为 40、60、80 时对应的反演结果。

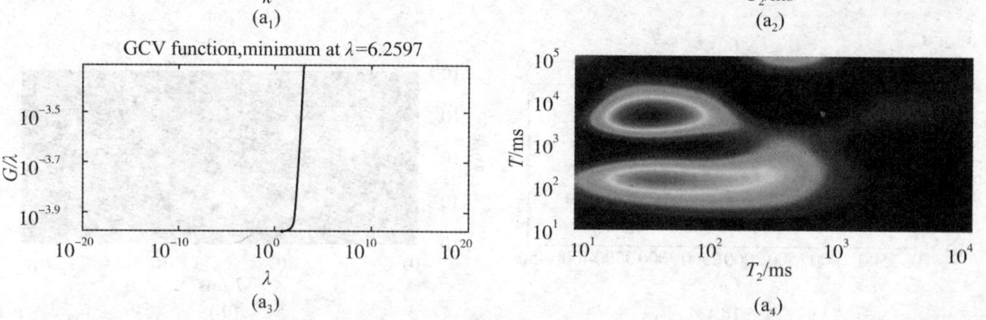

图 4-10　TSVD 法和 Tikhonov 正则化法反演结果比较

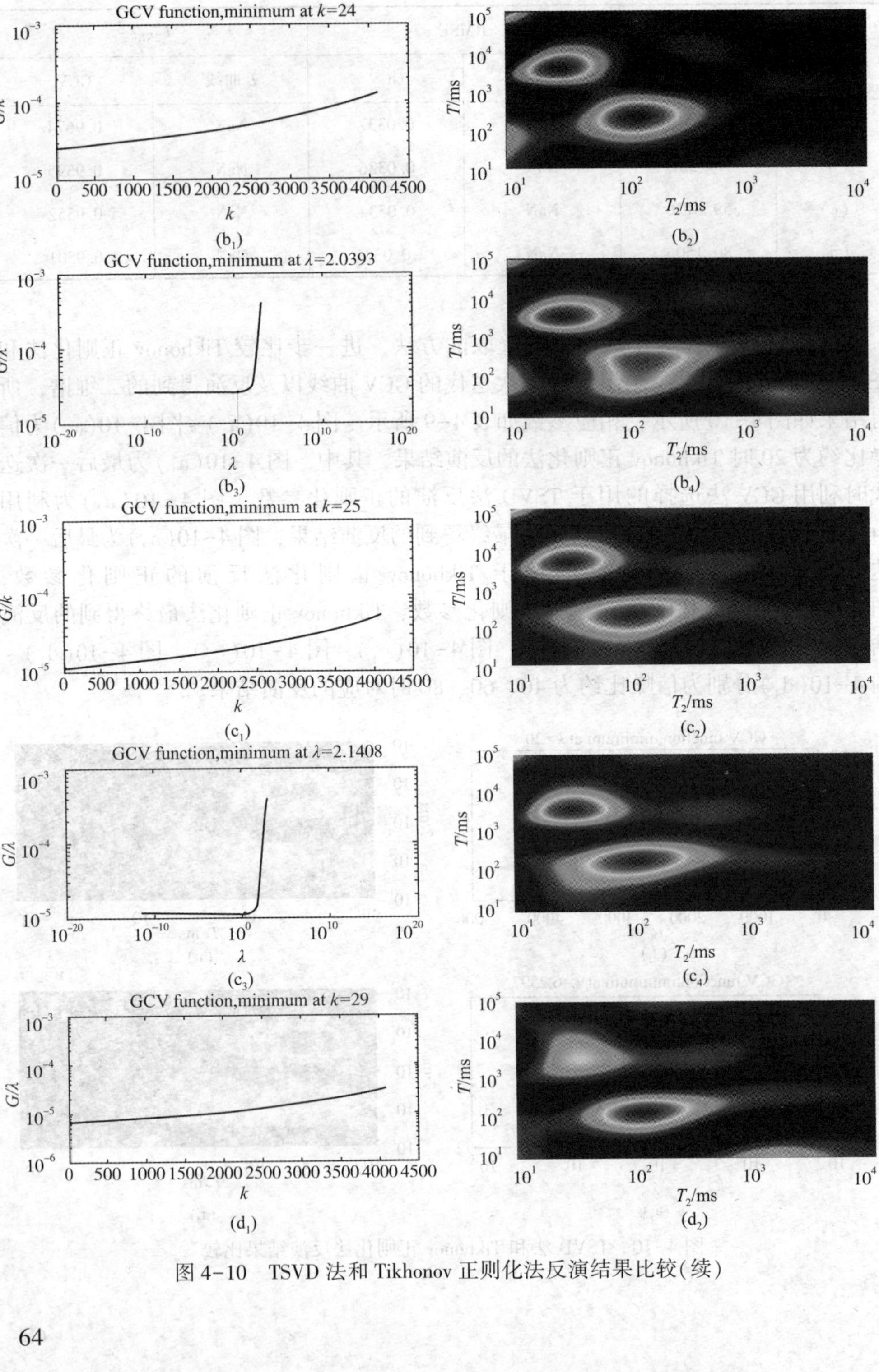

图 4-10　TSVD 法和 Tikhonov 正则化法反演结果比较(续)

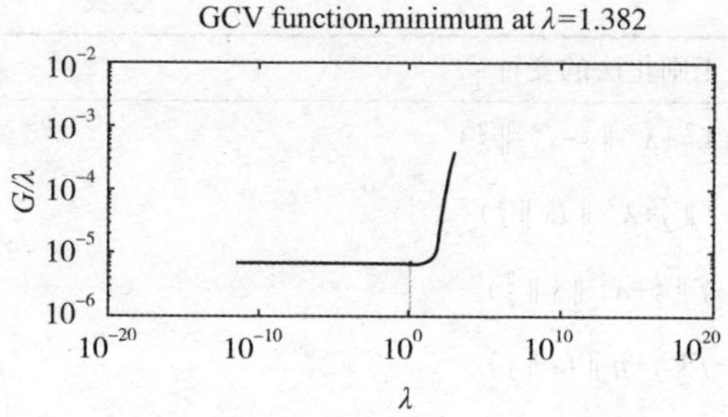

(d$_3$)

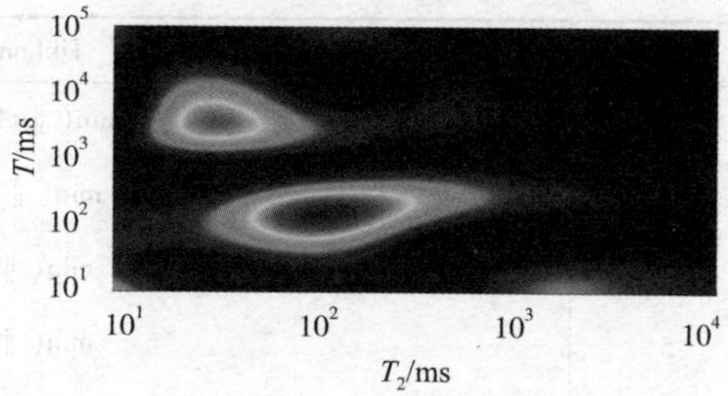

(d$_4$)

图 4-10　TSVD 法和 Tikhonov 正则化法反演结果比较(续)

表 4-9　TSVD 法和 Tikhonov 正则化法反演结果相应参数

编号	SNR	RMSE		L_{2NRE}	
		TSVD	Tikhonov	TSVD	Tikhonov
(a)	20.1413	0.034	0.0339	0.9674	0.9652
(b)	40.221	0.0337	0.0335	0.9595	0.9545
(c)	59.6126	0.0336	0.0333	0.9503	0.948
(d)	80.1506	0.0334	0.0333	0.9501	0.9401

比较表 4-9 中采用 TSVD 法和 Tikhonov 正则化法后得到的评价参数和图 4-10中对应的图件可知：同样信噪比条件下，同样利用 GCV 法选择正则化参数，Tikhonov 正则化法反演效果优于 TSVD 法；L_2 范数相对误差比均方根误差对误差更为敏感，更适用于评价反演精度。比较表 4-9 中均方根误差和 L_2 范数相对误差两个评价参数和图 4-10 中对应的图件可知，随着信噪比的增大，两种方法的反演精度都有所提高。

第三节　二维核磁共振测井的双参数正则化反演方法

由上节可知，使用 GCV 法选择正则化参数，Tikhonov 正则化法反演具有较高的精度，然而，由于 Tikhonov 过于强调平滑性，其反演结果显得过于发散，相近的谱发生了粘连，对致密砂岩储层流体的辨识能力下降，无法有效识别地层水和轻质油。为了提高反演结果对储层流体的辨识能力考察 Tikhonov 正则化法的其他变种。现有的 Tikhonov 正则化法的变种如表 4-10 所示。

表 4-10　现有的 Tikhonov 正则化法的变种

序号	Tikhonov 正则化法的变种
1	$\min[\ \|sA-f\|_a^a+\lambda^2\ \|L(s-s^*)\|_b^b]$

续表

序号	Tikhonov 正则化法的变种
2	$\min(\|sA-f\|_2^2+\lambda^2\|s-s^*\|_2^2)$
3	$\min(\|sA-f\|_2^2+\lambda^2\|Ls\|_b^b)$
4	$\min(\|sA-f\|_2^2+\lambda^2\|s\|_2^2)$
5	$\min(\|sA-f\|_2^2+\eta\|Ls\|_1)$
6	$\min(\|sA-f\|_2^2+\eta\|s\|_1)$
7	$\min[\|sA-f\|_a^a+\lambda^2\|L(s-s^*)\|_b^b+\eta^2\|K(s-s^*)\|_c^c+\cdots]$
8	$\min(\|sA-f\|_2^2+\lambda^2\|Ls\|_2^2+\eta\|Ks\|_1)$
9	$\min(\|sA-f\|_2^2+\lambda^2\|s\|_2^2+\eta\|s\|_1)$
10	$\min(\|sA-f\|_2^2+\lambda^2\|s\|_2^2+\eta^2\|sK-f_K\|_2^2)$
11	$\min(\|sA-f\|_2^2+\lambda^2\|sK-f_K\|_2^2+\eta\|s\|_1)$
12	$\min(\|sA-f\|_2^2+\lambda^2\|sK-f_K\|_2^2+\eta^2\|Ls\|_2^2)$
13	$\min(\|sA-f\|_2^2+\lambda\|sK-f_K\|_1+\eta^2\|s\|_2^2)$
14	$\min(\|sA-f\|_2^2+\lambda\|sK-f_K\|_1+\eta^2\|Ls\|_2^2)$
15	$\min(\|sA-f\|_2^2+\lambda\|sK-f_K\|_1+\eta\|Ls\|_1)$
16	$\min(\|s_a^tA-f\|_2^2+\lambda^2\|sK\|_2^2+\eta^2\|s\|_2^2)$

由表 4-10 可知，式(4-6)为表 4-10 中 1、2、3 的特例，而式：

$$\min(\|sA-f\|_2^2+\eta\|s\|_1) \tag{4-20}$$

和式：

$$\min(\|sA-f\|_2^2+\lambda^2\|s\|_2^2+\eta\|s\|_1) \tag{4-21}$$

则分别是表 4-10 中 5 和 8、11、13、14 的特例。由于式(4-20)和式(4-21)具有代表性，故选择二者作为研究对象。式(4-20)在 $s_i \geqslant 0$，$i=1$，…，n 束下，可转化为：

$$\min\left(\|sA-f\|_2^2+\eta\sum_{i=1}^{n}s_i\right) \tag{4-22}$$

以式(4-22)为代表的 L_1 范数正则化反演方法与以式(4-6)为代表的 L_2 范数正则化的不同之处在于：

(1) 非线性。L_2 范数的正则解 s 是观测值 f 的线性函数，L_1 范数的正则解 s 是观测值 f 的非线性函数。

(2) 随着 $\eta\to 0$，极限性质。极限点是所有满足 $(sA-f)A^T=0$ 中 L_1 范数最小的点。

（3）随着 $\eta\to\infty$，有限收敛于 0。L_2 范数正则化中，随着 $\eta\to\infty$，正则解收敛于 0。L_1 范数正则化，只有 η 满足如下条件时才收敛：

$$\eta \geqslant \eta_{\max} = \| 2fA^T \|_\infty \tag{4-23}$$

此外，$\| s \|_\infty = \max \| s_i \|$。当 $\eta \geqslant \eta_{\max}$，$L_1$ 范数正则解为 0。

（4）正则路径。L_2 范数正则化的解在整个 $\eta\in[0,\ \infty)$ 上变化平滑，而 L_1 范数正则解具有分段线性性质。

（5）稀疏性。L_1 范数正则解是相对稀疏的，即只有少数值非零；而 L_2 范数正则解的所有值均非零。

求解 L_1 范数正则化问题的方法可以分为梯度投影法、同伦法、迭代收缩阈值法、类梯度法、增强拉格朗日算子法等几个大类。事实上，式(4-22)是压缩感知领域信号恢复与重构中近年来热点问题 Lasso 的一种。求解 Lasso 问题的梯度投影类方法是解决 Lasso 问题最早和发展最完善的算法之一。梯度投影类方法主要有梯度投影稀疏表示法和截断牛顿内点法。由于二维核磁共振测井数据反演的数据量较大，而截断牛顿内点法的内存需求适中，特别适用于大规模数据的处理，因此，本书选择截断内点法作为考察对象。

一、最优化条件和对偶问题

1）最优化条件

L_1 范数正则化的目标函数是凸的，但不可微，因此采用次微分一阶最优条件，可得如下 s 为 L_1 范数正则化解的充分必要条件为：

$$[2(sA-f)A^T]_i \in \begin{cases} \{+\eta_i\},\ s_i>0 \\ \{-\eta_i\},\ s_i<0,\ i=1,\ \cdots,\ n \\ \{-\eta_i,\ \eta_i\},\ s=0 \end{cases} \tag{4-24}$$

现在可以导出关于 $\eta_{\max}$ 的式(4-23)。L_1 范数最优解为 0 的条件是 $(2fA^T)_i \in [-\eta,\ \eta]$，$i=1,\ \cdots,\ n$，即 $\| 2fA^T \|_\infty \leqslant \eta$。

2）对偶问题和次最优边界

假设变量 $z\in R^m$，$z=sA-f$，L_1 范数正则化问题等价于：

$$\min(z^T z+\eta_i \| s \|_1^1) \tag{4-25}$$

将对偶变量 $v_i \in R$，$i=1,\ \cdots,\ m$ 和 $z_i=(sA-f)_i$ 相结合，可得拉格朗日算子为：

$$L(s,\ z,\ v)=z^T z+\eta \| s \|_1^1+v^T(sA-f-z) \tag{4-26}$$

对偶函数为：

$$\inf_{s,z} L(s,\ z,\ v)=\begin{cases} -(1/4)v^T v-v^T f,\ |(A^T v)_i| \leqslant \eta_i,\ i=1,\ \cdots,\ m \\ -\infty,\ \text{otherwise} \end{cases} \tag{4-27}$$

因此，式(4-25)的拉格朗日对偶为：

$$\max G(v),\ \text{subject to} \mid (A^T v)_i \mid \leqslant \eta_i,\ i=1,\ \cdots,\ m \quad (4\text{-}28)$$

对偶目标函数 $G(v)$ 为：

$$G(v)=-(1/4)v^T v-v^T y \quad (4\text{-}29)$$

对偶问题式(4-29)是凸对偶问题，当条件满足时是对偶可行的。任何对偶可行点 v 给出了问题式(4-20)的弱边界，即 $G(v)\leqslant p^*$，这个性质称为弱对偶。此外，因为初始问题式(4-20)满足 Slater 条件，即强对偶性。所以初始最优值和对偶最优值是一样的。

L_1 范数正则化的重要性质是对于任意 s，借助 s 的次最优性构造一个对偶可行点可以很容易得到一个计算边界。

$$v=2\psi(sA-f),\ \psi=\min\{\eta/2(sAA^T)-2f_i\}\ i=1,\ \cdots,\ m \quad (4\text{-}30)$$

点 v 是对偶可行的，所以 $G(v)$ 的弱边界为 p^*，即为 L_1 范数正则化的最优解。

前述目标函数值和对应的弱边界 $G(v)$ 的差别称为对偶间隙 ξ：

$$\xi=\| sA-f\|_2^2+\eta\| s\|_1^1-G(v) \quad (4\text{-}31)$$

因为弱对偶性，所以 $\xi\geqslant 0$，s 不会超过 ξ 的次最优。如果对于某最优点，$\xi=0$，则为强对偶性。

二、L_1 范数正则化方法

1）截断牛顿内点法

L_1 范数正则化(4-20)可以转化为如下带线性不等式约束的凸二次型问题：

$$\min\ \| sA-f\|_2^2+\eta\sum_{i=1}^{n} s_i,\ s.t.-u_i\leqslant s_i\leqslant u_i,\ i=1,\ \cdots,\ n \quad (4\text{-}32)$$

式中，变量 $s\in R^n$，$u\in R^n$。

定义式(4-32)边界约束 $-u_i\leqslant s_i\leqslant u_i$ 的对数障碍为：

$$\Phi(s,\ u)=-\sum_{i=1}^{n}\log(u_i+s_i)-\sum_{i=1}^{n}\log(u_i-s_i) \quad (4\text{-}33)$$

定义 $\mathrm{dom}\Phi=\{(s,\ u)\in R^n\times R^n \| s_i\mid <u_i,\ i=1,\ \cdots,\ n\}$，包含凸二次型函数唯一极小值点 $[s^*(t),\ u^*(t)]$ 的中心路径为：

$$\phi_t(s,\ u)=t\| sA-f\|_2^2+t\sum_{i=1}^{n}\eta u_i+\Phi(s,\ u),\ t\in[0,\ +\infty) \quad (4\text{-}34)$$

中心路径上任一点 $[s^*(t),\ u^*(t)]$ 和对偶可行的 $u^*(t)=2[s^*(t)A-y]$ 联系起来。特别地，$[s^*(t),\ u^*(t)]$ 不超过 $2n/t$ 次最优，所以中心路径取得最优解。

在常规内点法中，随着 t 不断增大，从上一个计算得到的中心点开始，计算中心路径上的一系列点。典型的方法是采用序列 $t=t_0,\ ut_0,\ u^2t_0,\ \cdots,\ u^nt_0$，此处，$u\in[0,\ 50]$。当 $2n/t\leqslant\epsilon$ 时，运算终止。此处，ϵ 是目标对偶间歇。自此可以保证$[s^*(t), u^*(t)]$的ϵ次最优。在上述障碍法中，牛顿法被用于使ϕ_t最小化，即如下牛顿系统的准确解作为搜索方向。

$$H\begin{bmatrix}\Delta z\\ \Delta u\end{bmatrix}=-g \tag{4-35}$$

式中，$H=\nabla^2\phi_t(x, u)\in R^{2n\times 2n}$为 Hansen 矩阵，$g=\nabla\phi_t(s, u)\in R^{2n}$为当前迭代$(s, u)$的梯度。

当数据量较大时，L_1范数正则化准确求解牛顿系统在计算上是不现实的，需要在计算精度和收敛速率之间找到一个折中的搜索方法，为此使用 PCG 法来计算牛顿系统的一个近似解作为搜索方向。当采用迭代法来近似求解牛顿系统时，整个方法被称为截断牛顿内点法。

在先前的障碍法中，参数t保持为常数，直到ϕ_t为最小，即$\|\nabla\phi_t\|_2$很小。为了更快地收敛，基于当前的对偶间隙，利用构造的对偶可行点进行计算，在每步迭代都更新参数t。截断牛顿内点法具体算法流程如下：

给定相对容差：$\epsilon_{rel}>0$，

初始化：$t=1/\lambda$，$x=0$，$u=1=(1, \cdots, 1)\in R^n$，循环：

(a) 根据式(4-35)，计算搜索方向$(\Delta s, \Delta u)$作为牛顿系统的近似解；

(b) 借助线性回代搜索计算步长大小μ；

(c) 更新迭代$(s, u)=(s, u)+\mu(\Delta s+\Delta u)$；

(d) 根据式(4-30)，构造对偶可行点v；

(e) 根据式(4-31)，估计对偶间隙ξ；

(f) 如果$\xi/G(v)\leqslant\epsilon_{rel}$，程序终止；

(g) 更新t。

程序使用对偶间隙和对偶目标函数值的比值作为迭代终止条件。依据弱对偶性，这个比值是相对次最优性的上边界：

$$f(s)-p^*/p^*\leqslant\xi/G(nu) \tag{4-36}$$

式中，p^*是L_1范数正则化的最优解，$f(s)$为根据点s计算的初始目标函数值。因此，该方法求得的解满足相对容差ϵ_{rel}的要求。

给定搜索方向$(\Delta s, \Delta u)$，则下一个点为$(s, u)+\mu(\Delta s, \Delta u)$，此处，$\mu\in R_+$，这样就计算得到了步长。在线性回代算法中，$\mu=\beta^k$为步长，此处$k\geqslant 0$为满足$\phi_t(s+\beta^k\Delta s, u+\beta^k u)\leqslant\phi_t(s, u)+\alpha\beta^k\Delta\phi_t(s, u)^T[\Delta s, \Delta u]$的最小整数。此处，$\alpha\in(0, 1/2)$和$\beta\in(0, 1)$为算法参数。典型的线性搜索参数为$\alpha=0.01$，$\beta=0.5$。

采用如下更新准则：

$$t=\begin{cases}\max\{u\min\{2n/\xi, t\}, t\}, & u\geqslant\mu_{\min}\\ t, & \mu<\mu_{\min}\end{cases} \tag{4-37}$$

式中，$u>1$ 和 $\mu_{\min}\in(0,\ 1]$ 为选择的参数。在多数问题中选择 $u=2$ 和 $\mu_{\min}=0.5$ 均能得到较好的结果。该更新准则使用步长 μ 作为中心路径附近的粗略测量，尤其当 t 值为 $2n/t$ 时，对应的中心点和当前点有同样的对偶间隙。该更新准则和 PCG 算法结合后显得特别稳健。

2）借助 PCG 算法搜索方向

Hessian 矩阵可以写成：

$$H=t\ \nabla^2\ \|sA-f\|_2^2+\nabla^2\Phi(s,\ u)=\begin{bmatrix}2tA^TA+D_1 & D_2\\ D_2 & D_1\end{bmatrix} \tag{4-38}$$

式中，

$$D_1=\mathrm{diag}\left[\frac{2(u_1^2+s_1^2)}{(u_1^2-s_1^2)^2},\ \cdots,\ \frac{2(u_n^2+s_n^2)}{(u_n^2-s_n^2)^2}\right]\in R^n$$

$$D_2=\mathrm{diag}\left[\frac{-4u_1s_1}{(u_1^2-s_1^2)^2},\ \cdots,\ \frac{-4u_ns_n}{(u_n^2-s_n^2)^2}\right]\in R^n$$

式中，用 $\mathrm{diag}(A_1,\ \cdots,\ A_p)$ 来代表带对角块 $A_1,\ \cdots,\ A_p$ 的对角阵。Hessian 矩阵是对称正定的。梯度可以写作：

$$g=\begin{bmatrix}g_1\\ g_2\end{bmatrix}\in R^{2n} \tag{4-39}$$

式中，

$$g_1=\nabla_s\phi_t(s,\ u)=2tA^T(sA-f)+\begin{bmatrix}2s_1/(u_1^2-s_1^2)\\ \vdots\\ 2s_n/(u_n^2-s_n^2)\end{bmatrix}\in R^n$$

$$g_2=\nabla_u\phi_t(s,\ u)=t\lambda 1-\begin{bmatrix}2u_1/(u_1^2-s_1^2)\\ \vdots\\ 2u_n/(u_n^2-s_n^2)\end{bmatrix}\in R^n$$

将 PCG 算法用于近似计算搜索方向，PCG 算法使用一个对称正定的预处理器 $P\in R^{2n\times 2n}$。

当用于约束对数障碍 $\Phi(s,\ u)$ 的 Hessian 矩阵时，PCG 算法中的预处理器近似 $t\ \|sA-M\|_2^2$ 的 Hessian 矩阵的对角元素：

$$P=\begin{bmatrix}2t\ \mathrm{diag}A^TA & 0\\ 0 & 0\end{bmatrix}+\begin{bmatrix}D_1 & D_2\\ D_2 & D_1\end{bmatrix} \tag{4-40}$$

式中，$\mathrm{diag}(A^TA)$ 是将矩阵 A^TA 的非对角元素置 0 得到的对角阵。

由于只需要计算一次，计算 A^TA 的对角元素的花费可以分摊到整个内点迭代法中。如果分摊的花费仍然较高时，可以用按比例缩写的单位矩阵来近似对角阵 $\mathrm{diag}(A^TA)$ 以获得预测器：

$$P=\begin{bmatrix}2\tau tI & 0\\ 0 & 0\end{bmatrix}+\begin{bmatrix}D_1 & D_2\\ D_2 & D_1\end{bmatrix} \tag{4-41}$$

式中，τ 为正常数。该预测器表现良好，尤其是当 A^TA 的对角元素变化较小时。

PCG 算法需要一个较好的初始搜索方向和一个有效的截断准则。

初始点为有多种初始搜索方向的选择，如：0、负梯度等。数值模拟显示，后者较前二者在选择初始搜索方向时更有优势。

截断准则为当 PCG 算法的运算次数的累计数超过给定的界限 N_{pcg} 或计算点的相对容差小于 ϵ_{pcg}，使用自适应容差变化准则：

$$\epsilon_{pcg}=\min\{0.1,\ \xi\varpi\ \|g\|_2\} \tag{4-42}$$

式中，ξ 为当前迭代的对偶间隙；ϖ 为算法参数。随着对偶间隙的减少，解的精度提高。

PCG 算法的每一步迭代包含少量内积、一次矩阵-矩阵乘积 H_p，其中，$p=(p_1,\ p_2)\in R^{2n}$，一次计算 $P^{-1}r$，其中，$r=(r_1,\ r_2)\in R^{2n}$。此处，对于列向量 a 和 b，通过将 a 置于 b 之上得到$(a,\ b)$。$P^{-1}r$ 可如下计算：

$$P^{-1}r=\begin{bmatrix}(D_1D_3-D_2^2)^{-1}(D_1r_1-D_2r_2)\\ (D_1D_3-D_2^2)^{-1}(-D_2r_1+D_3r_2)\end{bmatrix} \tag{4-43}$$

式中，对于预测器式(4-40)，$D_3=2t\mathrm{diag}(A^TA)+D_1$，预测器式(4-41)，$D_3=2t\tau tI+D_1$。总计算量为 $O(n)$ 次运算。

PCG 步骤中计算的最大花费是矩阵-矩阵乘积 H_p，其中，$p=(p_1,\ p_2)\in R^{2n}$。H_p 可如下计算：

$$H_p=\begin{bmatrix}2tA^Tv+D_1p_2\\ D_2p_1+D_1p_2\end{bmatrix} \tag{4-44}$$

式中，$v=Ap_1$；H_p 的复杂度取决于问题的数据量和 PCG 步骤的迭代次数。

PCG 步骤的迭代次数受正则参数 η 和相对容差 ϵ_{rel} 的影响。在实际应用时，通常采用 1%的次最优性，即相对容差为 0.01，因此，PCG 步骤的迭代次数受正则参数 η 影响更大一些。

三、正则化参数的选取及 L_1/L_2 双参数正则化方法

由前述可知，截断牛顿内点法的计算精度和计算量取决于正则参数 η，因此，选择一个合适的正则化参数至关重要。前面的研究证实，利用 GCV 法选择的正则化参数精度较高，然而，将 GCV 法用于选取 L_1 范数正则化方法的正则化参数时，计算式(4-15)需要求解如下的方程式：

$$A^T(f-sA)+\eta\mathrm{div}\left(\frac{\nabla s}{|\nabla s|}\right)=0 \tag{4-45}$$

式中，$\nabla s/|\nabla s|$ 也是非线性的。为了减少算法复杂性，提高算法运算效率，研究发现，选择 $\eta=\sigma=[std(noise)]^2$ 即可使算法收敛。这种简单方便的正则化参数选取方法的不足之处是必须准确求取噪声水平 σ。由于 L_1 范数正则化法对正则化参数异常敏感，因此，准确求取噪声水平 σ 极为关键。

L_1/L_2 双参数正则化反演式(4-21)的求解思路是将双参数正则化转化为单参数正则化。做如下转换：

$$A_t=\begin{pmatrix}A\\ \lambda\end{pmatrix} \tag{4-46}$$

和：

$$f_t=\begin{pmatrix}f\\ 0\end{pmatrix} \tag{4-47}$$

则式(4-21)转化为形如式(4-20)的形式。借助上述截断牛顿内点法，即可进行求解。

四、L_1/L_2 双参数正则化方法数值模拟与结果分析

将本章第三节中介绍的 L_1 范数正则化方法和 L_1/L_2 双参数正则化方法用于第一节中正演模拟得到的含不同噪声量的核磁回波串数据的反演处理，选取均方根误差、L_2 范数相对误差作为评价参数来考察反演得到的谱和模型谱之间的吻合程度。比较两种正则化参数的选取方法，以二维核磁共振 T_2-T_1 分布模型为例，画出反演得到的二维谱，所得结果如图 4-11 所示，相应参数如表 4-11 所示。图 4.11(a_1)、图 4-11(a_2)为信噪比约为 20 时 L_1 范数正则化法和 L_1/L_2 双参数正则化法的反演结果，其中，图 4-11(a_1)为 L_1 范数正则化法得到的反演结果，图 4-11(a_2)为 L_1/L_2 双参数正则化法的反演结果。图 4-11(b_1) ~ 图 4-11(b_2)、图 4-11(c_1) ~ 图 4-11(c_2)、图 4-11(d_1) ~ 图 4-11(d_2)分别为信噪比约为 40、60、80 时对应的反演结果。

表 4-11　L_1 范数正则化方法和 L_1/L_2 双参数正则化方法反演结果相应参数

编号	SNR	RMSE		L_{2NRE}	
		L_1	L_1/L_2	L_1	L_1/L_2
(a)	20. 1413	0. 036	0. 0297	1. 0243	0. 8458
(b)	40. 246	0. 0991	0. 0379	2. 8218	1. 0777
(c)	59. 98	0. 0692	0. 0282	1. 9699	0. 8029
(d)	80. 1815	0. 0689	0. 0356	1. 9603	1. 0136

比较表 4-11 中采用 L_1 范数正则化法和 L_1/L_2 双参数正则化法得到的评价参数和图 4-11 中对应的图件可知：即使在信噪比较低时，L_1 范数正则化方法和 L_1/L_2 双参数正则化方法反演结果在流体识别上优于 Tikhonov 正则化方法、TSVD

方法，能清晰地分辨出轻质油、天然气和地层水，且 L_1/L_2 双参数正则化的反演精度高 L_1 范数正则化法，尤其是信噪比较低时。

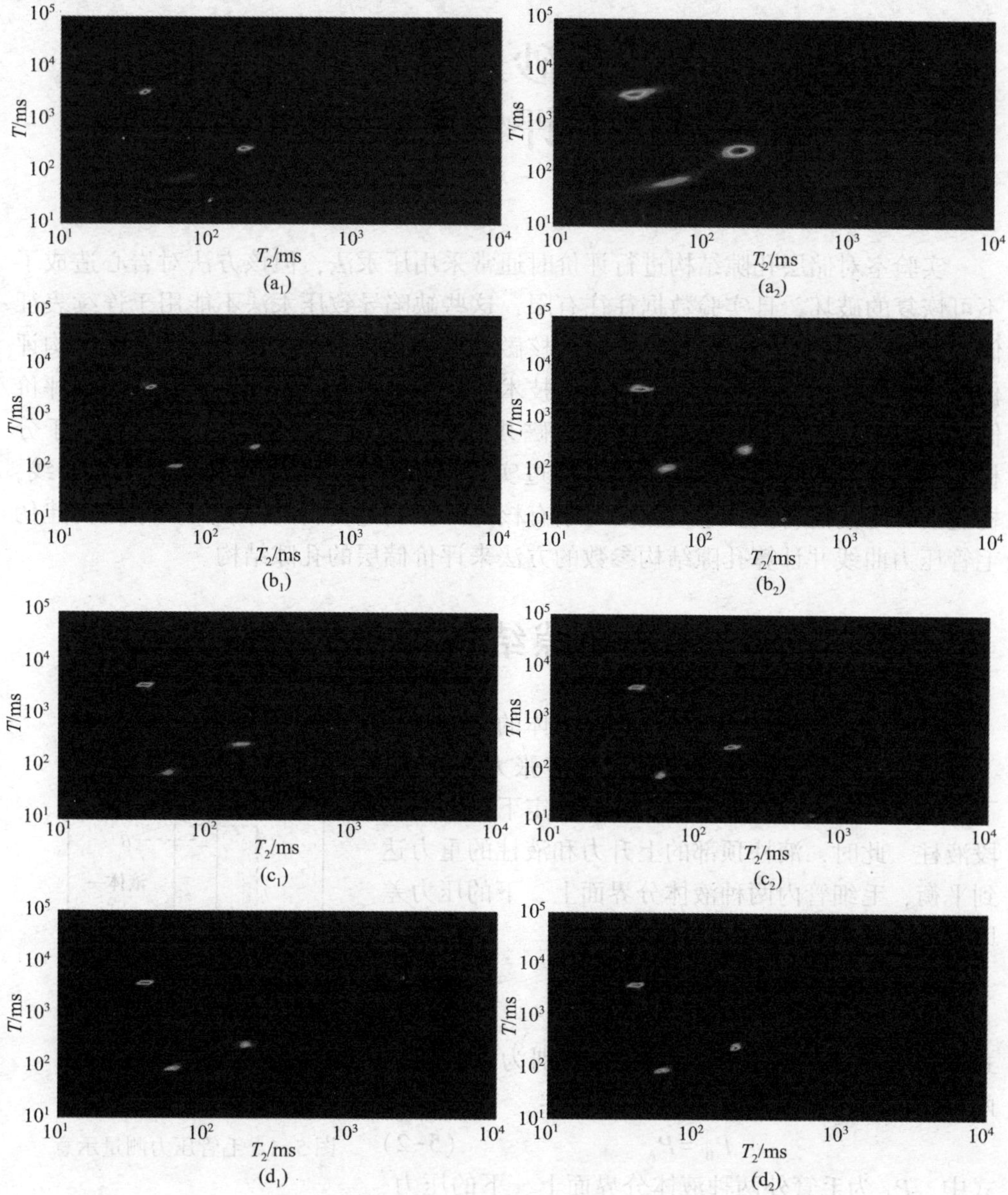

图 4-11　L_1 范数正则方法和 L_1/L_2 双参数正则化方法反演结果比较

第五章　致密砂岩储层核磁共振测井评价孔隙结构方法

实验室对储层孔隙结构进行评价时通常采用压汞法，但该方法对岩心造成了不可恢复的破坏，且实验数据往往有限，这些缺陷导致压汞法不能用于连续表征储层孔隙结构，其应用受到了限制。核磁共振测井技术的发展为储层孔隙结构评价提供了一种快速、经济、无损伤的技术方法，是目前唯一能用于井下连续评价储层孔隙结构的测井方法。考虑到核磁共振 T_2 分布和毛管压力曲线均能用于分析岩石孔径分布特征，因此，尝试通过实验分析核磁共振数据和毛管压力曲线，构建两者之间的转换关系模型。对于有核磁共振测井资料的井，可以采用构建伪毛管压力曲线并计算孔隙结构参数的方法来评价储层的孔隙结构。

第一节　储层孔隙结构评价的理论基础

当毛细管的一端插入两种自由液体的分界面以下时，由于液体和管内壁之间的附着张力的作用，下部液体在管内部自动上升，最后稳定下来形成一段液柱。此时，液柱顶部的上升力和液柱的重力达到平衡，毛细管内两种液体分界面上、下的压力差即为毛管压力(图 5-1)。

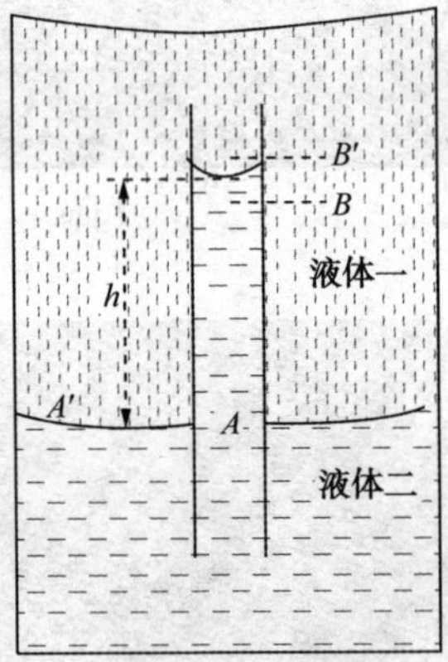

图 5-1　毛管压力测量示意

毛管压力计算方法如下：

$$P_c = P_{B'} - P_B \tag{5-1}$$

式中，P_c 为毛管压力；$P_{B'}$ 和 P_B 分别为毛细管内两种液体分界面上、下的压力。由于：

$$P_{B'} = P_A \tag{5-2}$$

式中，P_A 为毛管外两种液体分界面上、下的压力，所以：

$$P_c = P_A - P_B = \rho g h \tag{5-3}$$

式中，ρ 为液体二的密度；g 为重力加速度；h 为毛细管内液柱高度。

由前述液柱顶部的上升力和液柱的重力达到平衡，即：

$$2A\pi r=\pi r^2 hg\rho \tag{5-4}$$

式中，A 为附着张力；r 为毛管半径，可得：

$$h=\frac{2A}{rg\rho} \tag{5-5}$$

又由于附着张力与表面张力和润湿角存在如下关系(Tibshirani，1996)：

$$A=\sigma\cos\theta \tag{5-6}$$

式中，σ 两液体界面的界面张力；θ 为接触角。联立式(5-6)和式(5-5)，可得：

$$h=\frac{2\sigma\cos\theta}{rg\rho} \tag{5-7}$$

联立式(5-7)和式(5-3)可得：

$$P_c=\frac{2\sigma\cos\theta}{r} \tag{5-8}$$

实验室测量毛管压力最常用的是压汞法，由此得到的毛管压力曲线称为压汞毛管压力曲线。利用压汞毛管压力曲线的定性参数歪度、排驱压力、最大进汞饱和度、饱和度中值等可以判断岩石的基本性质。利用压汞毛管压力曲线的定量参数平均毛管压力、分选系数、偏态和峰态等可以半定量的确定岩石孔隙结构的性质和类型(原海涵，1995)。通过分析压汞毛管压力曲线，可以了解储层孔隙的连通性，进而实现对储层的分类和优选(刘晓鹏，2009)。

压汞法获取毛管压力曲线测量周期长、岩心样本获取困难且对样品造成永久性破坏的特点限制了大规模利用该方法开展孔隙结构研究。核磁共振测井技术的发展为评价储层孔隙结构提供了新的技术思路。核磁共振测井技术具有快速、连续并且无损伤的优点，利用其评价储层孔隙结构主要借助核磁共振 L_2 谱构造伪毛管压力 P_c 曲线来进行。

T_2 谱转毛管压力的基础是：当亲水岩石完全被水饱和时，核磁共振 T_2 分布反映的孔隙尺寸分布与压汞实验得到的孔喉尺寸分布有很好的相关性。引入有效表面弛豫率 ρ_e 来描述核磁共振对孔隙尺寸的响应(张诗青等，2010)。这样，ρ_e 就正比于固有表面弛豫率 ρ 和孔喉尺寸与孔隙尺寸的比值的乘积。以有效表面弛豫率 ρ_e 为因子作适当移动，由压汞毛管压力曲线得到的喉道分布和由核磁共振测量得到的 T_2 分布有一定程度的吻合。

第二节　核磁共振测井评价孔隙结构方法

一、核磁共振 T_2 谱构造伪毛管压力曲线的方法

核磁共振横向弛豫时间 T_2 谱由体弛豫 T_{2B}、表面弛豫 T_{2S} 和扩散弛豫 T_{2D} 构成：

$$\frac{1}{T_2}=\frac{1}{T_{2B}}+\frac{1}{T_{2S}}+\frac{1}{T_{2D}} \tag{5-9}$$

当亲水岩石完全饱和水时，水的体弛豫率很小，可以忽略；当回波间隔足够小时，可以忽略扩散弛豫。此时，T_2 谱可以表示成如下形式(张诗青等，2010)：

$$\frac{1}{T_2}=\frac{1}{T_{2S}}=\rho\frac{S}{V} \tag{5-10}$$

式中，ρ 为 T_2 表面弛豫率；S/V 为孔隙的表面积与体积之比。S/V 与孔隙形状有关。对于球形孔，表面积与体积之比为 $3/r$；对于圆柱状孔，表面积与体积之比为 $2/r$。

假设孔隙为圆柱状孔，B_p 为孔隙半径，则 $S/V=2/R_p$，T_2 可表示成如下形式：

$$\frac{1}{T_2}=\rho\frac{S}{V}=\rho\frac{1}{R_p} \tag{5-11}$$

毛管压力 P_c 和喉道半径 R_{pt} 的关系为：

$$P_c=\frac{2\sigma\cos\theta}{R_{pt}} \tag{5-12}$$

联立式(5-11)和式(5-12)可得

$$\frac{1}{P_c}=\frac{\rho}{\sigma\cos\theta}\frac{R_{pt}}{R_p}T_2=CT_2 \tag{5-13}$$

式(5-13)中，R_{pt} 和 R_p 的关系是利用核磁共振 T_2 谱构造伪毛管压力曲线的关键。经典的线性转换法认为孔隙和孔喉成正比，则式(5-13)可化为：

$$\frac{1}{P_c}=CT_2 \tag{5-14}$$

式中，$C=\rho/\sigma\cos\theta$。

对某研究区致密砂岩储层岩心样品分析后发现，该区核磁共振测量得到的 T_2 谱基本表现为小孔单峰和小孔占优双峰两种形态，两块有代表性的岩心样品核磁共振 T_2 谱如图 5-2 所示，相应参数如表 5-1 所示。

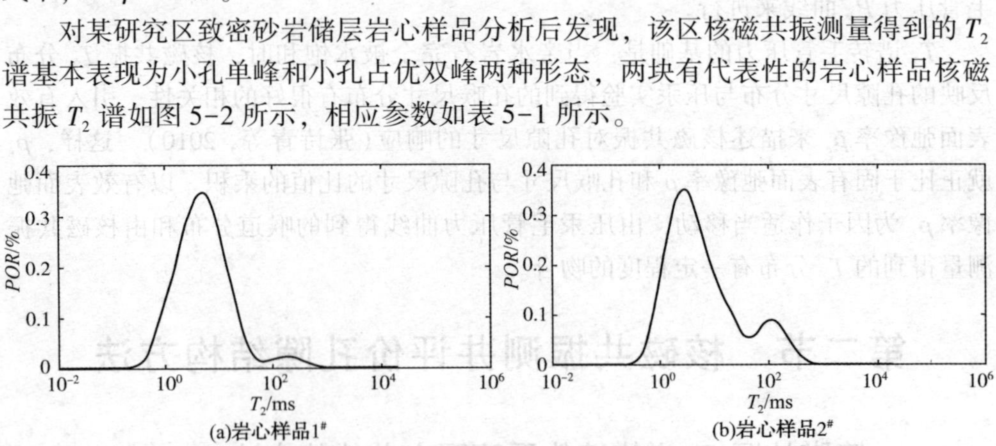

图 5-2 致密砂岩岩心核磁共振 T_2 谱

表 5-1 致密砂岩岩心相关参数

岩心样品编号	孔隙度/%	渗透率/$\times10^{-3}\mu m^2$	排驱压力/MPa
1#	9.22	0.039	1.252
2#	10.12	0.142	0.5338

采用线性转换法，分别对这两块岩心样品核磁共振测量得到的 T_2 谱构造伪毛管压力曲线，并与压汞毛管压力曲线做比较，所得结果如图 5-3 所示。

由图 5-3 可以看出，利用线性转换法得到的伪毛管压力曲线在小孔部分和压汞毛管压力曲线吻合较好，而大孔部分有较大偏差。原因可能是在大孔部分，孔隙和喉道之间并不是简单的线性关系。为了考察 R_{pt} 和 R_p 的关系，将 R_{pt} 和 R_p 画在二维平面图上。由于压汞得到的孔喉半径 R_{pt} 数据量较核磁共振测量得到的孔隙半径 R_p 数据量少，首先通过将孔喉半径的数据点个数增加到和孔隙半径数据点个数一致，两块岩心孔喉半径和孔隙半径关系如图 5-4(a) 中红点所示。采用一元函数拟合 R_{pt} 和 R_p，如图 5-4 中黑线所示。由此，利用一元函数法得到的伪毛管压力曲线如图 5-5 中的蓝线所示。

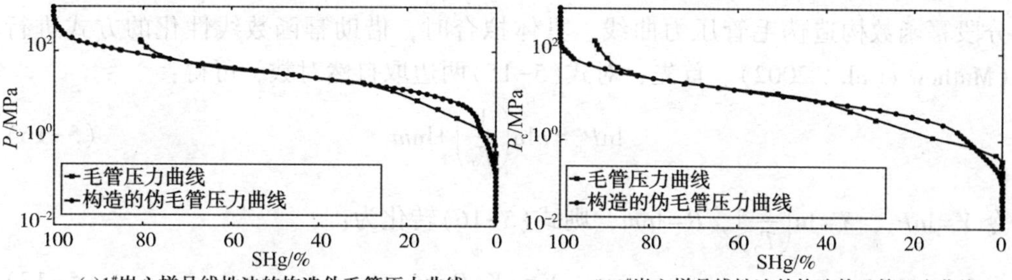

(a)1#岩心样品线性法的构造伪毛管压力曲线 (b)2#岩心样品线性法的构造伪毛管压力曲线

图 5-3 线性法构造的伪毛管压力曲线

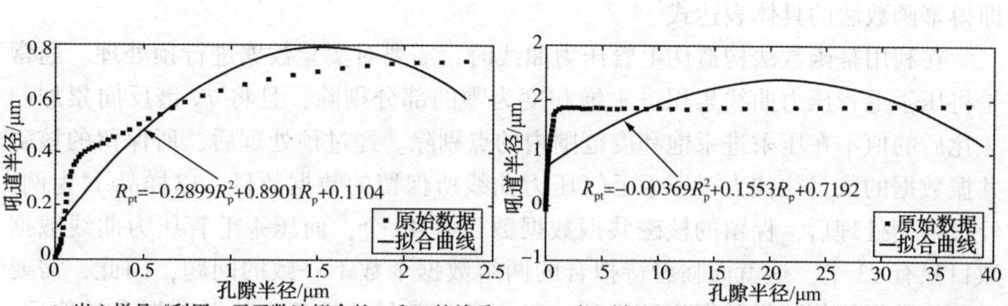

(a)岩心样品1#利用一元函数法拟合的 R_{pt} 和 R_p 的关系 (b)岩心样品2#利用一元函数法拟合的 R_{pt} 和 R_p 的关系

图 5-4 一元函数法拟合的 R_{pt} 和 R_p 关系

由图 5-5 可以看出，利用一元函数法得到的伪毛管压力曲线在大孔部分仍存在较大偏差，在小孔部分比线性转换法结果差。

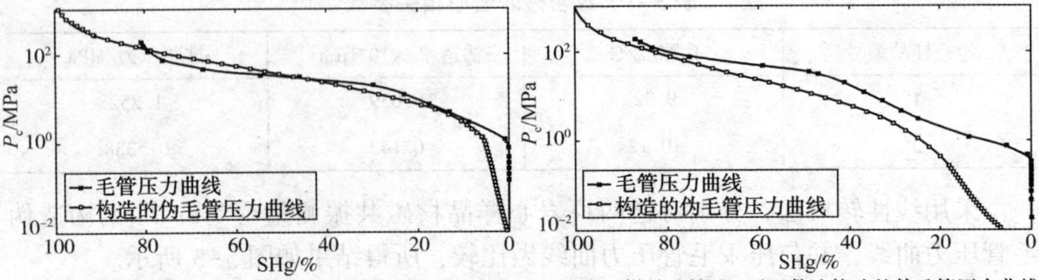

(a)岩心样品1#利用一元函数法构造的伪毛管压力曲线　(b)岩心样品2#利用一元函数法构造的伪毛管压力曲线

图 5-5　一元函数法构造的伪毛管压力曲线

为了进一步提高利用核磁共振 T_2 谱构造伪毛管压力曲线的精度，尝试利用幂函数法构造伪毛管压力曲线。幂函数法认为，核磁共振 T_2 谱与压汞毛管压力曲线之间存在幂函数关系：

$$P_c = m\left(\frac{1}{T_2}\right)^n \tag{5-15}$$

对于单峰 T_2 谱，用单一幂函数构造伪毛管压力曲线；对于双峰 T_2 谱，利用分段幂函数构造伪毛管压力曲线。具体拟合时，借助幂函数线性化的方式进行(Mathew et al.，2002)。首先，对式(5-15)两边取自然对数，可得：

$$\ln P_c = n\ln\left(\frac{1}{T_2}\right) + \ln m \tag{5-16}$$

令 $Y=\ln P_c$，$X=\ln\left(\frac{1}{T_2}\right)$，$B=\ln m$，则式(5-16)转化为：

$$Y = nX + B \tag{5-17}$$

然后，利用线性法拟合式(5-17)，得到 n 和 B，并将 $m=e^B$ 和 n 代入式(5-15)，即得幂函数法的具体表达式。

在利用幂函数法构造伪毛管压力曲线时，需要对实验数据进行预处理。通常是将压汞毛管压力曲线累积进汞饱和度为零的部分剔除，且将 T_2 谱反向累加归一化后的值不在压汞进汞饱和度范围内的点剔除。经过预处理后，所保留的核磁共振数据的数目往往大于压汞毛管压力曲线所保留的数据数目。以样品 1#为例，经过前期处理后，保留的核磁共振数据数目有 45 个，而压汞毛管压力曲线数据数目只有 13 个。这就面临着待拟合的两组数据个数不一致的问题，因此，需要对两组数据插值使得数据点数一致。采用各种常见的插值方法对数据点插值后，利用幂函数法构造伪毛管压力曲线，结果如图 5-6 所示。由图 5-6 可知，拉格朗日插值后，无法利用幂函数法拟合得到伪毛管压力曲线，这是因为拉格朗日插值出现了龙格现象(Dahlquist at al.，1974)。立方插值、三次样条插值和线性插值，效果基本相当，均略差于最邻近插值。利用最邻近插值，对样品 2#进行插值后，再用幂函数法构造伪毛管压力曲线，所得结果如图 5-6(f) 所示。

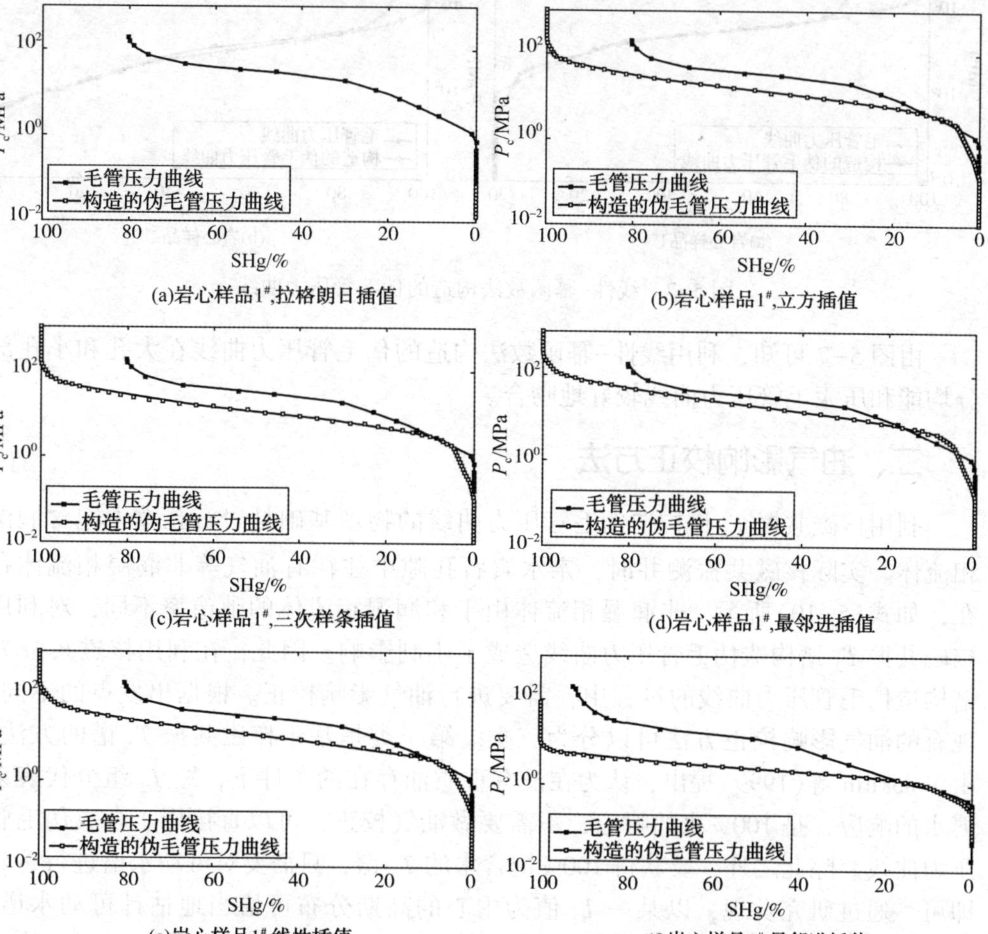

(a)岩心样品1#,拉格朗日插值　(b)岩心样品1#,立方插值

(c)岩心样品1#,三次样条插值　(d)岩心样品1#,最邻进插值

(e)岩心样品1#,线性插值　(f)岩心样品2#,最邻进插值

图 5-6　不同方法插值后利用幂函数法构造的伪毛管压力曲线

比较线性转换法和幂函数法构造的伪毛管压力曲线发现线性转换法拟合得到的伪毛管压力曲线和压汞毛管压力曲线在小孔部分的一致性较好，而最邻近插值后幂函数法构造的伪毛管压力曲线在大孔部分和压汞毛管压力曲线吻合较好。为了综合线性转换法和幂函数法的优点，提出线性-幂函数法，即将待构造的伪毛管压力曲线分段处理，在小孔部分采用线性转换法进行拟合，在大孔部分采用幂函数法进行拟合。分段点的选取，借助地区岩心核磁共振实验确定的 T_2 截止值进行确定。实验发现，区块致密砂岩储层岩心核磁共振测量得到的 T_2 截止值为 11ms。将线性-幂函数法用于岩心样品 1#和岩心样品 2#，转换得到的伪毛管压力曲线如图 5-7 所示。

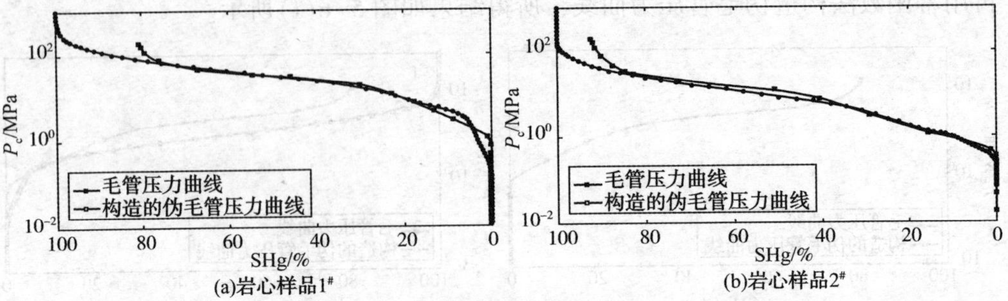

图 5-7　线性-幂函数法构造的伪毛管压力曲线

由图 5-7 可知，利用线性-幂函数法构造的伪毛管压力曲线在大孔和小孔部分均能和压汞毛管压力曲线较好地吻合。

二、油气影响校正方法

利用核磁共振 T_2 谱构造伪毛管压力曲线的物理基础是岩石孔隙中饱含润湿相流体。实际核磁共振测井时，亲水岩石孔隙中往往有油气等非润湿相流体存在，如式(5-10)所示，非润湿相流体由于和润湿相流体的弛豫率不同，对利用核磁共振 T_2 谱构造伪毛管压力曲线造成了不利影响。因此，在利用核磁共振 T_2 谱构造伪毛管压力曲线的过程中，需要进行油气影响校正。根据出发点的不同，现有的油气影响校正方法可以分为三类。第一类是基于核磁共振 T_2 谱的方法，由 Volokitin 等(1999)提出，认为在没有重质油存在的条件下，短 T_2 组分代表束缚水的响应，是 100%水的响应，不需要做油气校正，可以直接用于合成伪毛管压力曲线。除此之外，要获得 100%饱含水的 T_2 谱，只需要对可动水谱进行重建即可。通过研究发现，以某一 T_2 值为中心的高斯分布可恰当地估计可动水谱，且可动水谱的面积为 $1-S_{wi}$，其中，S_{wi} 为束缚水饱和度。该方法的主要步骤为：

(1) 通过薄膜模型获取束缚水谱，并得到束缚水饱和度 S_{wi}；

(2) 利用 S_{wi} 与 T_2 几何均值 T_{2LM} 的相互关系确定饱含水情况下的“最佳” T_2 几何均值 T_{2LM}；

(3) 构造一个可动水谱，使可动水谱与束缚水谱幅度的累加等于总孔隙度，调整其 T_2 谱的位置使整个谱的 T_2 几何平均值等于“最佳” T_2 几何均值 T_{2LM}。

该方法在确定束缚水饱和度 S_{wi} 时采用薄膜模型，将各个 T_2 组分薄膜束缚水之和作为束缚水谱。在一个狭窄的饱和水的孔隙内，即某一 T_2 分量核磁共振衰减收敛于单指数，T_2 谱中每个分量对应的 S_{wirr} 为：

$$\frac{1}{S_{wirr}}=mT_{2i}+n \tag{5-18}$$

式中，m 和 n 为常数，需要通过实验刻度。

100%饱含水的 T_2 谱的几何均值 T_{2LM} 的确定公式为：

$$\lg(T_{2LM})=a\lg\left(\frac{1-S_{wi}}{S_{wi}}\right)+b \tag{5-19}$$

式中，a 和 b 为常数，需要通过实验刻度。

第二类是基于 R_{pt}/R_p 的方法，由肖飞等(2012)提出。借助统计得出利用含油饱和度作为校正系数消除油气影响的经验公式为：

$$R'_p=R_p\times10^{-\lambda\times SOC} \tag{5-20}$$

式中，R_p 和 R'_p 分别为校正前后的孔隙半径；λ 为校正系数；SOC 为含油饱和度。

对某块致密砂岩岩心进行不同饱和状态下的核磁共振实验，采用煤油来模拟非润湿相轻质油。在致密砂岩岩心分别处于 100%饱和水、27%饱和油时，测量其核磁共振 T_2 谱，结果如图 5-8(a)所示，其中黑线为含油饱和度为 27%时测得的核磁共振 T_2 谱，绿线为饱含水时测得的核磁共振 T_2 谱。对比 100%饱和水和 27%饱和油时的 T_2 谱可知，受含油影响，T_2 谱右端表现为拖曳现象，类似于大孔隙特征。分别用第一类和第二类油气影响校正公式进行油气影响校正，所得结果如图 5-8 中红线所示。

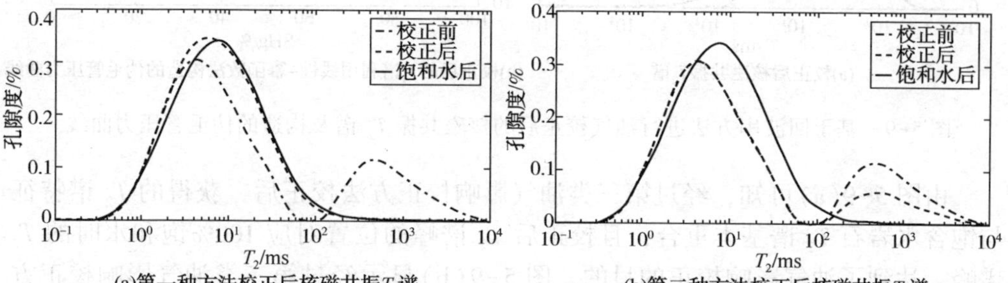

(a)第一种方法校正后核磁共振 T_2 谱　(b)第二种方法校正后核磁共振 T_2 谱

图 5-8　油气影响校正后的核磁共振 T_2 谱

由图 5-8 可知，利用上述第一类油气影响校正公式得到了较好的应用效果。该方法的不足之处在于校正后得到的饱和水谱峰的位置偏离实际饱和水谱的位置。此外，由于该方法需要通过实验确定经验关系式中的参数，构造可动水谱时比较烦琐。第二类油气影响校正公式只是对部分 T_2 谱进行了校正，且只对校正部分的 T_2 谱乘了一个系数因子，未校正部分 T_2 谱的形态保持不变。该方法所得结果和实际饱和水时 T_2 谱有较大差距。此外，该方法仅适用于依据 R_{pt} 和 R_p 函数关系构造伪毛管压力曲线的方法(如一元函数法)，不适用于线性转换法和幂函数法以及线性-幂函数法构造伪毛管压力曲线。

第三类油气影响校正方法是基于回波串的校正方法，由胡法龙等(2014)提出，其基本思想是将亲水岩石中油气的影响用水来进行替代：

$$\mathrm{Echo}W(t)=\mathrm{Echo}(t)-\phi S_o I_{Ho} e^{-t\left[\frac{1}{T_{2o}}+D_o\frac{(\gamma G T_E)^2}{12}\right]}+\phi S_o I_{Hw} e^{-t\left[\frac{1}{T_{2w}}+D_w\frac{(\gamma G T_E)^2}{12}\right]} \tag{5-21}$$

式中，EchoW(t)为重构的完全饱含水时的回波串；Echo(t)为饱含非润湿相油时的回波串；ϕ 为核磁共振孔隙度；S_o 为含油饱和度；γ 为旋磁比；I_{Ho} 为原油的含氢指数；I_{hw} 为地层水的含氢指数；T_{2o} 和 T_{2w} 分别为原油和地层水的本征弛豫时间；D_o 和 D_w 分别为原油和地层水的扩散系数。

与前两类相比，这类基于回波串的校正方法有着明显的理论基础。采用该方法，对上述实验岩心样品进行油气影响校正，所得结果如图 5-9(a)所示。对校正后的核磁共振 T_2 谱利用线性-幂函数法构造伪毛管压力曲线，所得结果如图 5-9(b)所示。

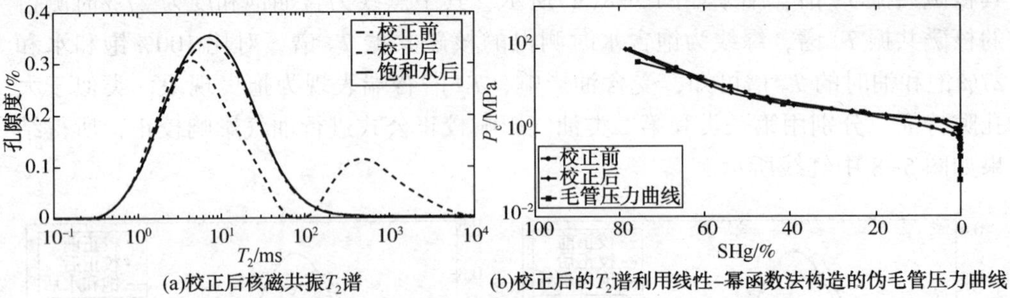

图 5-9 基于回波串方法进行油气校正后的核磁共振 T_2 谱及构造的伪毛管压力曲线

由图 5-9(a)可知，经过第三类油气影响校正方法校正后，获得的 T_2 谱特征与饱含水岩石 T_2 谱基本重合，且校正后 T_2 谱峰的位置对应 100%饱和水时的 T_2 谱峰，达到了油气影响校正的目的。图 5-9(b)显示经过第三类油气影响校正方法校正后，构造的伪毛管压力曲线和压汞毛管压力曲线的吻合程度也相应提高了，为储层孔隙结构评价奠定了基础。

第三节 孔隙结构评价参数及储层孔隙结构评价实例

一、孔隙结构评价参数

对岩心进行压汞实验所得的毛管压力曲线表现出中间缓两端陡的特征(图 5-10)。整个压汞过程可以分为 3 个阶段：初始阶段，随着压力的持续增大，达到排驱压力点，汞进入岩石中大孔隙；中间阶段，压力继续增大，汞缓慢进入岩石内部孔隙空间，进汞饱和度变化明显，毛管压力变化不明显；最后阶段，汞进入岩心越来越困难，进汞饱和度分量越来越小。根据图 5-10 可以提取排驱压

力 P_d、饱和度中值 P_{c50}、孔喉半径中值 R_{50}、孔喉半径均值 D_M、孔喉分选系数 S_p、均质系数 α、孔隙喉道歪度 S_{kp}、弯曲系数 Γ 等。

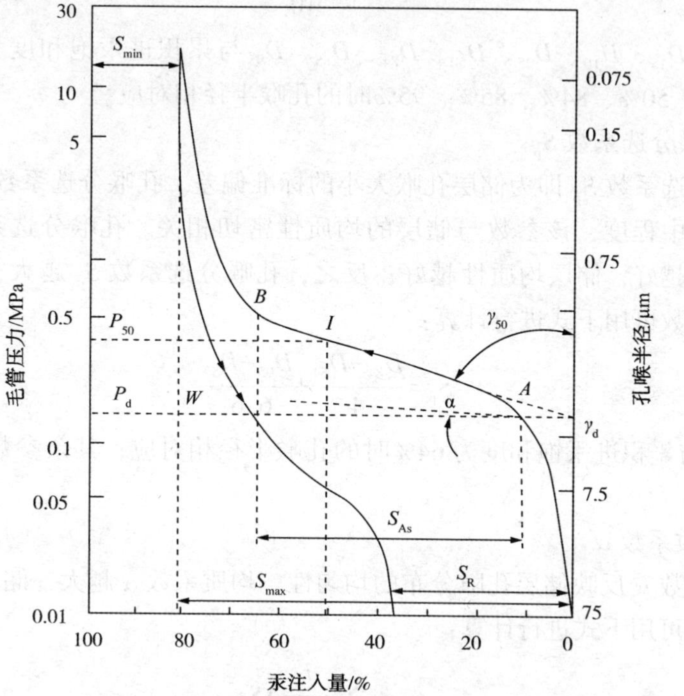

图 5-10　孔隙结构特征定量表征示意图(据罗哲谭、王允诚，1986)

1）排驱压力 P_d

排驱压力 P_d 是指用非润湿相驱替润湿相时，非润湿相开始进入最大孔隙时对应的毛管压力。由定义可知，排驱压力和最大喉道半径有关。喉道半径越大，进入喉道所需毛管压力越小，相应地排驱压力越小，此时，储层物性越好；反之，喉道越小，排驱压力越大，储层物性越差。

2）饱和度中值 P_{c50} 和孔喉半径中值 R_{50}

在毛管压力曲线上，累积进汞饱和度达到 50%时所对应的毛管压力即为饱和度中值 P_{c50}，相应的此时的孔喉半径即为孔喉半径中值 R_{50}。需要注意的是，R_{50} 并非孔喉半径的均值。当孔喉分布呈正态分布时，孔喉半径中值 R_{50} 近似等于储层平均孔喉半径。

3）孔喉半径均值 D_M

孔喉半径均值 D_M 即孔喉分布的平均值，可用如下公式进行计算：

$$D_M = \frac{D_5 + D_{15} + D_{25} + \cdots + D_{85} + D_{95}}{10} \tag{5-22}$$

或：

$$D_{\mathrm{M}}=\frac{D_{16}+D_{50}+D_{84}}{10} \tag{5-23}$$

式中，D_5、D_{15}、D_{16}、D_{25}、D_{50}、D_{84}、D_{85}、D_{95}与累积进汞饱和度为5%、15%、16%、25%、50%、84%、85%、95%时的孔喉半径相对应。

4）孔喉分选系数 S_{p}

孔喉分选系数 S_{p} 即为储层孔喉大小的标准偏差。孔喉分选系数 S_{p} 反映了孔喉分布的集中程度，该参数与储层的均质性密切相关。孔喉分选系数 S_{p} 越小，孔隙分选性越好，储层均质性越好；反之，孔喉分选系数 S_{p} 越大，储层均质性越差。该参数可用下式进行计算：

$$S_{\mathrm{p}}=\frac{D_{84}-D_{64}}{4}+\frac{D_{95}-D_5}{6.6} \tag{5-24}$$

式中，D_{64}与累积进汞饱和度为64%时的孔喉半径相对应，其余参数同式(5-22)和式(5-23)。

5）均质系数 α

均质系数 α 反映储层孔隙分布的均匀性。均质系数 α 越大，储层的均质性越强。该参数可用下式进行计算：

$$\alpha=\frac{\sum_{i=1}^{n}\frac{r_i}{r_{\max}}\Delta S_i}{\sum_{i=1}^{n}\Delta S_i} \tag{5-25}$$

式中，r_i 为每个压力点处的孔喉半径；$r_{\max}$ 为最大孔喉半径；ΔS_i 为孔喉比例系数；n 为压力点数。

6）孔隙喉道歪度 S_{kp}

孔隙喉道歪度 S_{kp} 表征孔喉半径频率分布图的对称性。孔隙喉道歪度 S_{kp} 越小，孔喉半径频率分布图越对称，储层物性越好。孔隙喉道歪度 S_{kp} 计算公式为：

$$S_{\mathrm{kp}}=\frac{D_{84}+D_{16}-2D_{50}}{2(D_{84}-D_{16})}+\frac{D_{95}+D_5-2D_{50}}{2(D_{95}-D_5)} \tag{5-26}$$

式中，相应参数同式(5-22)和式(5-23)。

7）弯曲系数 Γ

弯曲系数 Γ 反映孔喉的弯曲程度，由孔喉的实际长度 L_{ef} 与两孔喉之间直线距离 L 比值得到，即：

$$\Gamma=\frac{L_{\mathrm{ef}}}{L} \tag{5-27}$$

利用校正了含油气影响的 T_2 谱构造伪毛管压力曲线，计算上述孔隙结构评价参数，选择其中部分参数，即可进行储层孔隙结构评价。

二、致密砂岩储层孔隙结构评价实例

将上述方法用于某井的实际核磁共振测井资料处理，为了提高核磁共振测井数据信噪比，先利用第二章中介绍的小波包阈自适应滤波算法对核磁共振回波串数据进行去噪处理。然后，利用本章介绍的基于回波串的方法进行油气影响校正。对校正后的核磁共振回波串数据进行反演得到相应的横向弛豫时间 T_2 谱，利用线性-幂函数方法构造伪毛管压力曲线。从构造的伪毛管压力曲线上提取孔隙结构评价参数进行储层孔隙结构评价，所得结果如图 5-11 所示。图中，第一道为岩性曲线，第二道为孔隙度曲线，第三道为电阻率曲线，第四道为深度，第五道为降噪前的回波串，第六道为降噪后的回波串，第七道为降噪前后计算得到的孔隙度和岩心孔隙度，第八道为降噪前后的信噪比，第九道为含油气影响校正前(黑线)、后(绿线)的核磁共振 T_2 谱，第十道为含油气影响校正前(蓝线)、后(红线)构造的伪毛管压力曲线，第十一道为含油气影响校正前(黑线)、后(红线)的 T_2 几何均值，第十二道为含油气影响校正前(蓝线)、后(红线)的排驱压力，第十三道为含油气影响校正前(蓝线)、后(红线)的饱和度中值压力，第十四道为含油气影响校正前(蓝线)、后(红线)的孔喉半径中值，第十五道为解释结论。

比较图 5-11 中核磁共振测井校正前后计算得到的孔隙度和信噪比曲线可知，降噪提高了核磁共振回波串数据信噪比，为后续反演提供了较好的资料基础，改善了储层孔隙度的计算精度。比较油气影响校正前后的 T_2 谱和 T_2 几何均值等参数可知，经过油气影响校正后反演得到的 T_2 谱出现了明显的差异，T_2 谱表现出整体向短弛豫方向移动的趋势，有效消除了 T_2 谱受含油影响表现出的拖曳现象。由计算得到的 T_2 几何均值可知，校正后的 T_2 几何均值小于校正前的 T_2 几何均值。利用计算得到的孔隙结构参数，较为准确地对该储层进行了评价。综上可知，利用前述小波包阈自适应滤波算法进行去噪处理，再利用基于回波串的油气影响校正方法得到经过油气影响校正后的 T_2 谱，最后采用线性-幂函数法构造伪毛管压力，这样一套技术流程能够较好地为致密砂岩储层孔隙结构评价提供资料基础。

为进一步验证上述技术流程的有效性，将上述技术流程用于另一口井的实际核磁共振测井资料，所得结果如图 5-12 所示。图中，每一道所代表的测井曲线名称同于图 5-11。

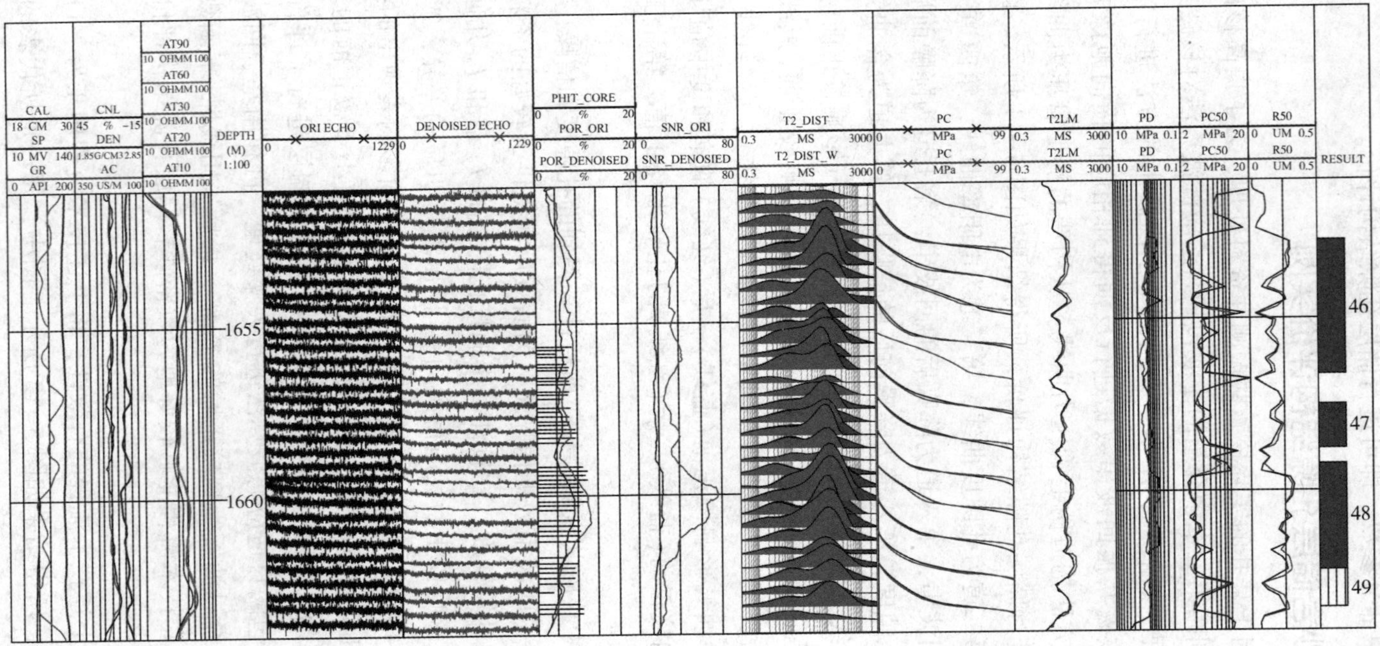

图5-11　某井核磁共振测井孔隙结构评价结果图

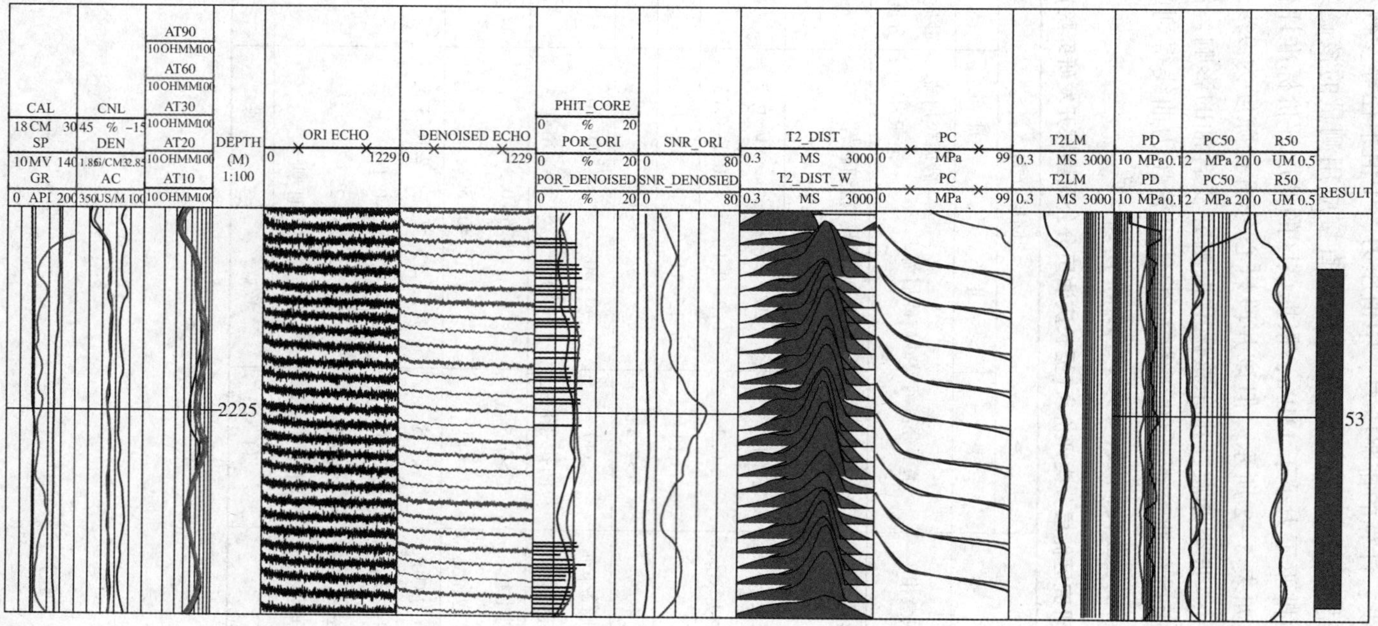

图5-12　某验证井核磁共振测井孔隙结构评价结果图

由图 5-12 可知，经过上述技术流程处理后，含油校正前后的 T_2 谱、转换得到的伪毛管压力曲线、计算的排驱压力、中值压力、中值半径等参数有明显的差异，校正后的评价结果更加可靠。如第 53 号层直接应用测量的核磁共振测井数据反演 T_2 谱获得的排驱压力小于 1MPa，根据该区的储层评价标准评价为Ⅰ类储层(储层评价标准)如表 5-2 所示。但该井段岩心分析孔隙度为 9%，渗透率为 $0.17\times10^{-3}\text{um}^2$，为Ⅱ~Ⅲ类储层，由于核磁共振测井受含油的影响，使得孔隙结构评价过于乐观。通过含油校正后 T_2 谱转换的伪毛管压力曲线得到的排驱压力为 1.5MPa，评价为Ⅱ~Ⅲ类储层，与取心分析结果一致。

表 5-2　研究区储层分类评价表(据长庆油田分公司勘探开发研究院)

分类参数		储层分类			
		Ⅰ	Ⅱ	Ⅲ	Ⅳ
沉积特征	沉积微相	水下分流河道砂质碎屑流		砂质碎屑流浊积岩	砂质碎屑流、水下分流河道、浊积岩
	粒度/mm	细砂岩	细砂岩、粉细砂岩		粉细砂岩
	砂岩厚度/m	>15	15~10		<10
物性特征	孔隙度/%	>10	12~9	10~6	<6
	渗透率/$\times10^{-3}\mu m^2$	>0.2	0.2~0.1	0.1~0.03	<0.03
填隙物含量/%		<13	15~11	16~14	>15
孔隙类型	面孔率/%	>2.5	3~1.5		<2
	平均孔径/μm	>40	40~30	30~20	<25
	孔隙组合类型	粒间孔-溶孔	溶孔	溶孔	溶孔-微孔
孔隙结构	主流喉道半径/μm	>0.5	0.5~0.3		<0.3
	可动流体饱和度/%	>40	40~30		<30
	排驱压力/MPa	<1.5	1.5~2.5	2.0~3.5	>3.5
	中值半径/μm	>0.15	0.2~0.1		<0.1
	退汞效率/%	30~28	28~25		<25
	孔隙结构类型	Ⅰ~Ⅱ型	Ⅱ~Ⅲ型		Ⅳ型
储层评价		好	较好	一般	差

第六章　致密砂岩储层核磁共振测井流体识别方法

利用测井资料识别储层流体是测井技术的重要应用之一，核磁共振测井结果不受岩石骨架的影响，在储层流体识别方面显示出其自身特有的技术优势。

第一节　一维核磁共振流体识别的方法

一、核磁共振流体识别的物理基础

储层空间由一系列大小不同的孔隙组成，假设岩石亲水，含有油气水三相流体的致密砂岩储层，油的 NMR 回波串信号服从单指数衰减规律，气的 NMR 回波串信号服从单指数衰减规律，而水的 NMR 回波串信号服从多指数衰减规律。致密砂岩储层核磁共振测井响应方程可用下式来表述：

$$\begin{aligned}M(t) = \sum_{i=1}^{n} s_{0\mathrm{wi}}\left[1-\exp\left(\frac{-T_{\mathrm{W}}}{T_{1\mathrm{wi}}}\right)\right]\cdot\exp\left(\frac{t}{T_{2\mathrm{wi}}}\right)+\\ s_{0\mathrm{o}}\left[1-\exp\left(\frac{-T_{\mathrm{W}}}{T_{1\mathrm{o}}}\right)\right]\cdot\exp\left(\frac{t}{T_{2\mathrm{o}}}\right)+\\ s_{0\mathrm{g}}\left[1-\exp\left(\frac{-T_{\mathrm{W}}}{T_{1\mathrm{g}}}\right)\right]\cdot\exp\left(\frac{t}{T_{2\mathrm{g}}}\right)\end{aligned} \tag{6-1}$$

式中，$M(t)$为 t 时刻观测到的回波幅度；$s_{0\mathrm{o}}$、$s_{0\mathrm{g}}$、$s_{0\mathrm{wi}}$ 分别为储层中含油气水的孔隙所对应的体积分量；T_{W} 为等待时间；$T_{2\mathrm{o}}$、$T_{2\mathrm{g}}$、$T_{2\mathrm{wi}}$ 分别为油气水的横向弛豫时间；$T_{1\mathrm{o}}$、$T_{1\mathrm{g}}$、$T_{1\mathrm{wi}}$ 分别为油气水的纵向弛豫时间。

油气水横向弛豫时间 T_2 受体积弛豫 $T_{2\mathrm{B}}$、表面弛豫 $T_{2\mathrm{S}}$ 和扩散弛豫 $T_{2\mathrm{D}}$ 3 种弛豫机制的影响，纵向弛豫时间 T_1 受体积弛豫 $T_{1\mathrm{B}}$ 和表面弛豫 $T_{1\mathrm{S}}$ 两种弛豫机制的影响。即：

$$\frac{1}{T_2}=\frac{1}{T_{2\mathrm{B}}}+\frac{1}{T_{2\mathrm{S}}}+\frac{1}{T_{2\mathrm{D}}} \tag{6-2}$$

和：

$$\frac{1}{T_1}=\frac{1}{T_{1\mathrm{B}}}+\frac{1}{T_{1\mathrm{S}}} \tag{6-3}$$

所谓体积弛豫是指流体处于扩散不受限制的空间时的核磁共振弛豫。体积弛豫是流体本身特有的弛豫性质，由流体的物理特性和化学成分控制。取黏度单位为 mPa · s 时，油、气、水的体积弛豫由下列经验公式给出：

对于油，其体弛豫 T_{Bo} 为：

$$T_{1Bo}=0.00713\frac{T_K}{\eta},\ T_{2Bo}\cong T_{1Bo} \tag{6-4}$$

对于气，其体弛豫 T_{Bg} 为：

$$T_{1Bg}=2.5\times10^4\frac{\rho_g}{T_K^{1.17}},\ T_{2Bg}\cong T_{1Bg} \tag{6-5}$$

对于水，其体弛豫 T_{Bw} 为：

$$T_{1Bw}\cong\frac{3T_K}{298_\eta},\ T_{2Bw}\cong T_{1Bw} \tag{6-6}$$

式(6-4)~式(6-6)中，T_K 为绝对温度，单位为 K；η 为黏度；ρ_g 为气的密度，单位为 g/cm^3。油的体弛豫 T_{Bo} 与成分、黏度及温度有关。气体的体弛豫 T_{Bg} 与温度、密度等有关。由于气体的扩散很强，气体的 T_2 体弛豫可以忽略。由于水的黏度基本上是固定的，因此，水的体弛豫 T_{Bw} 只与温度有关。

所谓表面弛豫是指流体分子因扩散作用而与岩石颗粒表面发生碰撞而产生的核磁共振弛豫。表面弛豫和岩石的矿物组分和孔隙表面积与体积比值有关。对于润湿相流体，其纵向弛豫速率和横向弛豫速率可由下式计算：

$$\frac{1}{T_{1S}}=\rho_1\frac{S}{V} \tag{6-7}$$

$$\frac{1}{T_{2S}}=\rho_2\frac{S}{V} \tag{6-8}$$

式中，ρ_1、ρ_2 为表面弛豫率；S/V 为孔隙表面积和体积比值。

所谓扩散弛豫是指因分子扩散而引起核磁共振弛豫。测量范围内自身存在梯度磁场或借助核磁共振测井仪施加了梯度磁场后，增加回波间隔，能够明显提高扩散弛豫的影响。扩散弛豫 T_{2D} 可以由下式表示：

$$\frac{1}{T_{2D}}=\frac{D(\gamma GT_E)^2}{12} \tag{6-9}$$

式中，D 为流体的扩散系数，单位为 cm^2/s；γ 为旋磁比；G 为磁场梯度；T_E 为回波间隔。

流体的扩散弛豫受扩散系数、磁场梯度和回波间隔的共同影响，通过改变核磁共振测量参数可以对流体进行识别。油气水的扩散系数由下式给出：

对于油，其扩散弛豫为 D_o：

$$D_o\cong5.05\left(\frac{T_K}{\eta}\right)\times10^{-8} \tag{6-10}$$

对于气，其扩散弛豫为 D_g：

$$D_g \cong 8.5\left(\frac{T_K^{0.9}}{\eta_g}\right)\times 10^{-7} \tag{6-11}$$

对于水，其扩散弛豫为 D_w：

$$D_w \cong 4.03\left(\frac{T_K}{\eta}\right)\times 10^{-8} \tag{6-12}$$

式(6-10)~式(6-12)中变量意义同于式(6-4)~式(6-6)。由于黏度 η 随温度减小，由以上经验公式可以看出，气、油、水的扩散系数是随温度增加而增加的。由于气体密度随压力增大而增大，所以压力增大时气的扩散系数减小。油的扩散系数变化范围很大，因为不同的油的分子构成变化很大，故油的黏度变化范围也很大。

我国致密砂岩储层具有陆相或海陆过渡相碎屑岩储层的一般特点，大部分岩石都是亲水的，所含油的黏度往往较低，为轻质油。梯度磁场下，轻质油的横向弛豫以体积弛豫和扩散弛豫为主，由于其成分比较单一，其弛豫是一个单峰分布；由于气体分子扩散系数比较大，其横向弛豫以扩散弛豫为主；地层水的横向弛豫以表面弛豫和扩散弛豫为主。根据亲水岩石孔隙流体的核磁共振弛豫机制，可以得出我国致密砂岩储层孔隙流体的核磁共振弛豫机制(表 6-1)。

表 6-1　我国致密砂岩储层孔隙流体的核磁共振弛豫机制

孔隙流体	T_1	T_2	T_1/T_2
轻质油	体积弛豫	体积弛豫/扩散弛豫	$T_1>T_2$
天然气	体积弛豫	扩散弛豫	$T_1 \gg T_2$
地层水	表面弛豫	表面弛豫/扩散弛豫	~1.5

二、一维核磁共振流体识别方法

一维核磁共振测井识别流体的方法主要是利用流体弛豫和扩散的差异。弛豫差异表现为储层流体纵向弛豫时间 T_1 和横向弛豫时间 T_2 的不同。致密砂岩储层中，轻质油和气在横向弛豫时间 T_2 上存在较大差异，借助横向弛豫时间 T_2 的差异可以将轻质油和气区分开来；油气和水在纵向弛豫时间 T_1 上有较大相差，油气需要比地层水更长的极化时间才能完全极化，借助纵向弛豫时间 T_1 的差异可以区分油和水。据此，借助两组长短不同等待时间 T_W 采集的回波串就可以将不同弛豫性质的流体信息包含进来。长等待时间采集到的回波串里包含全部流体极化后的信息，而短等待时间采集到的回波串信号里只包含部分流体极化后的信息，将回波串或反演得到的 T_2 谱作差值，即可将两组回波串中均完全极化的水的信息剔除，将轻质油和气信号显现出来。这是利用了油气和水在纵向弛豫时间

T_1 上的差异。进一步利用轻质油和气在横向弛豫时间 T_2 上的差异可以在包含剩余油气信息的 T_2 谱上对轻质油和气进行识别。针对采集到的回波串处理方式的不同，产生了差谱法(DSM)和时域分析法(TDA)两种不同的流体识别方法。差谱法是先对采集到的长、短两组回波串分别进行反演，再将反演得到的两组 T_2 谱相减。TDA 法对差谱法进行了改进，先将长、短两组回波串相减，然后再对相减得到的回波串反演。差谱法适用于识别含轻质油和气，其不足之处在于受噪声影响严重，噪声含量较大时，反演得到的 T_2 谱表现为较强的不确定性，导致差谱出现负值。TDA 法克服了差谱法的缺陷，并能够对油气提供定量的评价。

在差谱法和 TDA 法中，选择合适的两组等待时间 T_W 是成功进行流体识别的关键。理想的两组等待时间 T_W 应满足：①长等待时间，使油气水完全极化；②短等待时间，仅使水完全极化。这样反演得到的 T_2 谱相减后得到的差谱或回波串相减后得到的回波串中仅包含完全极化了的油和气的信息。实际应用时，条件①容易满意，而条件②通常难以满足。具体原因如下：等待时间 T_W 的长短影响零时刻回波串信号的幅值如式(6-1)所示，极化因子 α 表示为：

$$\alpha=1-e^{-\frac{T_W}{T_1}} \tag{6-13}$$

由式(6-13)可知，当 $T_W=3T_1$ 时，$\alpha=0.9502$；当 $T_W=5T_1$ 时，$\alpha=0.99923$。因此，当 T_W 取 3~5 倍的 T_1 时，极化因子 α 接近于 1。当 T_W 小于 T_1 时，α 远小于 1。又由于储层中油和气的纵向弛豫时间 T_1 通常可以达到几秒，地层水的纵向弛豫时间 T_1 最大却只有几百毫秒(表 6-2)。当短等待时间 T_W 取 3~5 倍的水的纵向弛豫时间 T_1 时，往往使油也部分极化了。实际应用时，通常采用如下规则选择长等待时间 T_{WL} 和短等待时间 T_{WS}：

$$3T_{1w,\max}<T_{WS}<T_{1g}<\frac{1}{3}T_{WL} \tag{6-14}$$

或：

$$3T_{1w,\max}<T_{WS}<T_{1o}<\frac{1}{3}T_{WL} \tag{6-15}$$

式中，T_{1o}、T_{1g} 和 T_{1w} 分别为油、气、水的纵向弛豫时间。

表 6-2 储层流体的核磁共振特性(据 Dumm et al., 2002)

储层流体	T_1/ms	$D/(10^{-5}\mathrm{cm}^2/\mathrm{s})$	$\frac{1}{12}\gamma^2G^2T_E^2/\mathrm{s}^{-1}$	T_2/ms
油	1000	2	0.5	670
气	4000	100	24.8	40
水	1~500	7.7	1.9	0.67~200

利用扩散差异进行流体识别的物理基础是储层流体的扩散性质存在较大差

异，在双对数坐标系上有足够的区分度。借助采集两组回波间隔 T_B 不同的回波串将不同扩散性质的流体信息包含进来，通过相应的处理，突出扩散差异的影响，进行油气水的识别。根据资料处理方法的不同，分为移谱法(SSM)、增强扩散法(EDM)和扩散分析法等流体识别方法。移谱法试图通过改变回波间隔 T_E 从回波串信号中提取关于流体扩散性质的信息，适用于识别中等黏度油和气。在亲水岩石中，梯度场中的岩石孔隙中地层水的横向弛豫时间 T_{2w} 可以表示为：

$$\frac{1}{T_{2w}}=\frac{1}{T_{2Bw}}+\rho\frac{S}{V}+\frac{1}{12}\gamma^2G^2D_wT_E^2 \tag{6-16}$$

式中，T_{2Bw} 为水的体弛豫；G 为恒定梯度场；D_w 为水的扩散系数；γ 为旋磁比。

常温下，低磁场核磁共振测井中，自由水的体弛豫 T_{2Bw} 和 T_{1Bw} 很长，大约为1~3s，其对孔隙介质的弛豫率贡献很小，因此，右边第一项体弛豫的贡献相比第二项表面弛豫的贡献通常可以忽略不计。对于非润湿相流体油而言，由于不受表面弛豫的影响，其横向弛豫时间 T_2 可表示为：

$$\frac{1}{T_{2o}}=\frac{1}{T_{2Bo}}+\frac{1}{12}\gamma^2G^2D_oT_E^2 \tag{6-17}$$

对于非润湿相流体气而言，由于不受表面弛豫的影响，且体弛豫的贡献相比扩散弛豫通常可以忽略不计，因此，其横向弛豫时间 T_2 可表示为：

$$\frac{1}{T_{2g}}=\frac{1}{12}\gamma^2G^2D_gT_E^2 \tag{6-18}$$

由式(6-16)~式(6-18)可知，改变回波间隔 T_E 可以控制扩散项的影响。增大回波间隔 T_E，横向弛豫时间 T_2 向弛豫短时间方向移动，且长弛豫组分的移动幅度远大于短弛豫组分。比较式(6-17)和式(6-16)，由于油的扩散系数 D_o 通常小于地层水的扩散系数 D_w，如果油和水的信号重叠在一起，则当回波间隔 T_E 增大时，水向短弛豫方向移动的距离大于油向短弛豫组分移动的距离，这样，就可以将油和水的信号区分开，达到油水识别的目的。由于气本身信号微弱，再加上其横向弛豫时间 T_2 较小，增大回波间隔 T_E 可能会导致气移动到束缚水的位置导致利用移谱法无法有效识别气层。

增强扩散法通过增加回波间隔 T_E 强化扩散作用来区分油和水，忽略体弛豫的影响，将式(6-16)写成如下形式：

$$\frac{1}{T_{2w}}=\frac{1}{T_{2ws}}+\frac{1}{T_{2wD}} \tag{6-19}$$

式中，T_{2ws} 为水的表面弛豫；T_{2wD} 为水的扩散弛豫。

由式(6-19)可知，当忽略表面弛豫时，$T_{2w}\approx T_{2wD}$，此时地层水信号的 T_{2w} 总是小于 T_{2wL}，即其上限为 T_{2wD}。当忽略扩散弛豫时，$T_{2w}\approx T_{2ws}$。因此，当用大的回波间隔 T_E 时，T_{2wD} 减小，水的横向弛豫时间 T_{2w} 减小，向短弛豫方向移动，此时大于 T_{2wD} 的均是来自油的贡献。增强扩散法适用于识别中等黏度的油，其不足之处在于不能保证小于 T_{2wD} 的信号中也有油的信号。

扩散分析法采集长、短不同回波间隔 T_E 的两组回波串，反演得到两组核磁共振 T_2 谱中自由流体的长回波间隔 T_{EL} 时的几何平均值 T_{2L} 和短回波间隔 T_{ES} 时的几何平均值 T_{2S}，并建立与扩散系数的关系式如下：

$$\frac{1}{T_{2L}}=\frac{1}{T_{int}}+\frac{1}{12}CD_{\alpha}(G_{\gamma}T_{EL})^2 \tag{6-20}$$

和：

$$\frac{1}{T_{2S}}=\frac{1}{T_{int}}+\frac{1}{12}CD_{\alpha}(G_{\gamma}T_{ES})^2 \tag{6-21}$$

式中，$1/T_{int}$ 为自由流体的固有弛豫时间；D_{α} 为自由流体视扩散系数；C 为仪器常数。

将自由流体的长、短回波间隔时的几何平均值 T_{2L} 和 T_{2S} 代入式(6-20)和式(6-21)，解出 T_{int} 和 D_{α}，建立 $1/T_{int}$ 和 D_{α}/D_w 的交绘图，借此求取水的视饱和度 $S_{w\alpha}$，进而确定水的饱和度 S_w。该方法的不足之处是同样只适用于识别中等黏度的原油和气。

一维核磁共振流体识别方法除上述方法外，还有磁共振流体特征法(MRF)多 T_W 多 $G \cdot T_E$(MGTE)法和联合多回波串同时反演(SIMET)法。这些方法在数据采集和识别精度上和二维核磁共振流体识别方法相比已经不占优势。除此之外，还有深电阻率-核磁法(MRIAN)、密度-核磁法(DMR)以及声波-核磁法(SNR)等，这些方法需要和其他常规测井方法相结合。

三、一维核磁共振流体识别数值模拟与结果分析

现有的一维核磁共振流体识别方法中，TDA 法在识别轻质油和地层水方面具有较明显优势。为此，选择 TDA 法作为研究对象，考察其是否适用于致密砂岩储层流体识别。

建立和第二章类似的致密砂岩储层中常见的两种 T_2 谱地层模型：小孔占优双峰地层模型、小孔单峰地层模型。小孔双峰地层含有束缚水和可动水，束缚水的横向弛豫时间 T_2 为 10ms，纵向弛豫时间为 20ms。可动水的横向弛豫时间为 60ms，纵向弛豫时间为 90ms。小孔单峰地层只含有可动水，可动水的横向弛豫时间为 60ms，纵向弛豫时间为 90ms。向两种地层模型中分别充入饱和度均为 20%的轻质油和天然气。根据斯伦贝谢公司和哈里伯顿公司在长庆油田某致密砂岩储层区块现场核磁共振测井结果(图 6-1、图 6-2)，图中蓝线为 200ms 所在的位置。由图 6-1 和图 6-2 可知，轻质油 T_2 谱峰值所在的位置基本在 200ms 左右，为此，选择轻质油横向弛豫时间 T_2 为 200ms，纵向弛豫时间 T_1 取 1.5 倍的 T_2 为 300ms。根据表 6-2，天然气的横向弛豫时间 T_2 和纵向弛豫时间 T_1 分别取为 40ms 和 4000ms，借助数值模拟进行 TDA 法适用性研究。

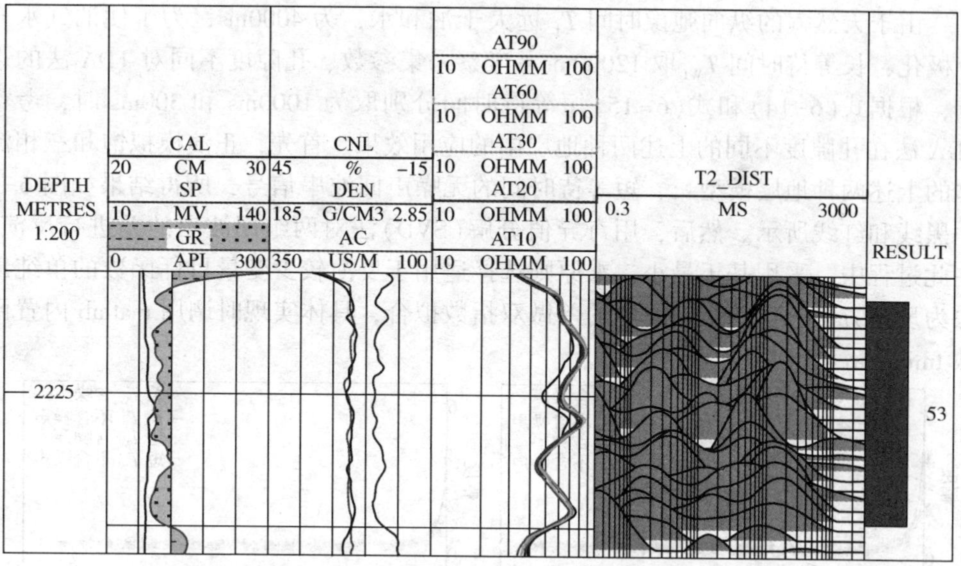

图 6-1　长庆油田某致密砂岩储层 CMR 核磁共振测井成果图

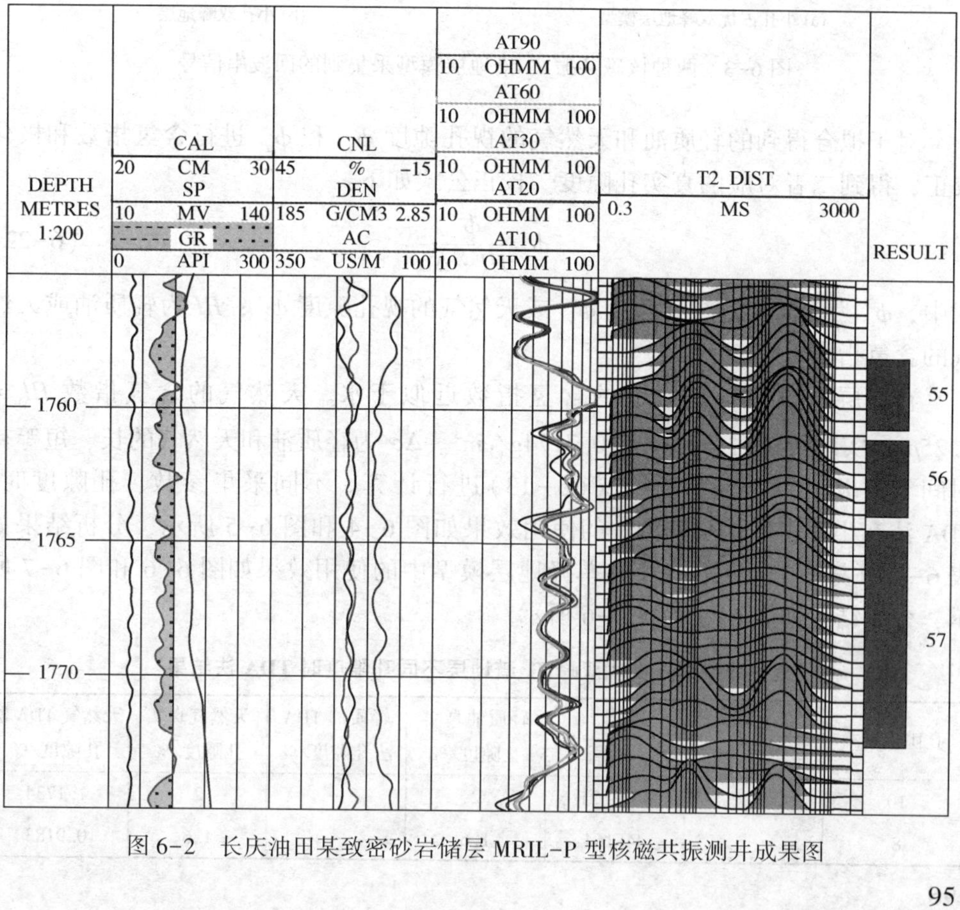

图 6-2　长庆油田某致密砂岩储层 MRIL-P 型核磁共振测井成果图

由于天然气的纵向弛豫时间 T_1 远大于油和水，为 4000ms，为了使油气水充分极化，长等待时间 T_{WL}取 12000ms。考察采集参数、孔隙度不同对 TDA 法的影响，根据式(6-14)和式(6-15)短等待时间分别取为 1000ms 和 300ms 时，考察 TDA 法在孔隙度不同的上述两种地层中的应用效果。首先，正演模拟饱和三相流体的上述两种地层模型长、短等待时间的无噪声回波串信号，所得结果如图 6-3 中黑线和红线所示。然后，用奇异值分解(SVD)法对两组回波串的差进行反演。在此过程中，采用基于最小二乘原则选择适用于反演较少变量目标函数的单纯形法为反演方法，对两组回波串的差做双指数拟合，具体实现时调用 matlab 内置函数 fminsearch。

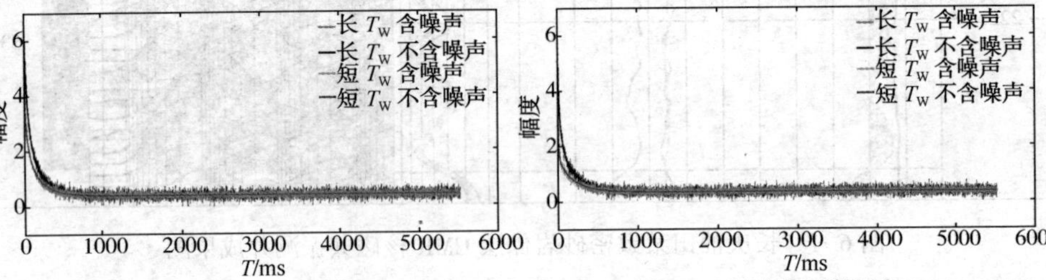

(a) 小孔占优双峰地层模型　(b) 小孔双峰地层

图 6-3　两种核磁共振 T_2 谱地层模型采集到的回波串信号

对于拟合得到的轻质油和天然气的视孔隙度 ϕ_o^* 和 ϕ_g^* 进行含氢指数和极化校正，得到二者对应的真实孔隙度。校正公式如下：

$$\phi=\frac{\phi^*}{HI\cdot\Delta\alpha} \tag{6-22}$$

式中，ϕ^* 为轻质油的视孔隙度 ϕ_o^* 或天然气的视孔隙度 ϕ_g^*；HI 为轻质油或天然气的含氢指数。

在地层条件下，轻质油的含氢指数近似于水。天然气的含氢指数 $HI_g=2.25\rho_g$。实际校正时，ρ_g 取为 0.7174g/cm^3。$\Delta\alpha$ 为轻质油和天然气的长、短等待时间下的极化因子差，利用式(6-13)进行计算。不同采集参数、孔隙度时，TDA 法在小孔占优地层模型中的使用效果如图 6-4 和图 6-5 所示，分析结果如表 6-3 和表 6-4 所示；在小孔单峰地层模型中的使用效果如图 6-6 和图 6-7 所示，分析结果如表 6-5 和表 6-6 所示。

表 6-3　小孔占优双峰 T_2 谱地层不同孔隙度时 TDA 法结果

孔隙度/%	轻质油 T_2/ms	天然气 T_2/ms	轻质油真实孔隙度/%	轻质油 TDA 法孔隙度/%	天然气真实孔隙度/%	天然气 TDA 法孔隙度/%
10	—	43.4021	2	—	2	1.1734
8	—	44.164	1.6	—	1.6	0.9183

续表

孔隙度/%	轻质油 T_2/ms	天然气 T_2/ms	轻质油真实孔隙度/%	轻质油 TDA 法孔隙度/%	天然气真实孔隙度/%	天然气 TDA 法孔隙度/%
6	—	44. 8412	1. 2	—	1. 2	0. 6713
4	—	44. 855	0. 8	—	0. 8	0. 4748

注：长等待时间为 12000ms，短等待时间为 1000ms。

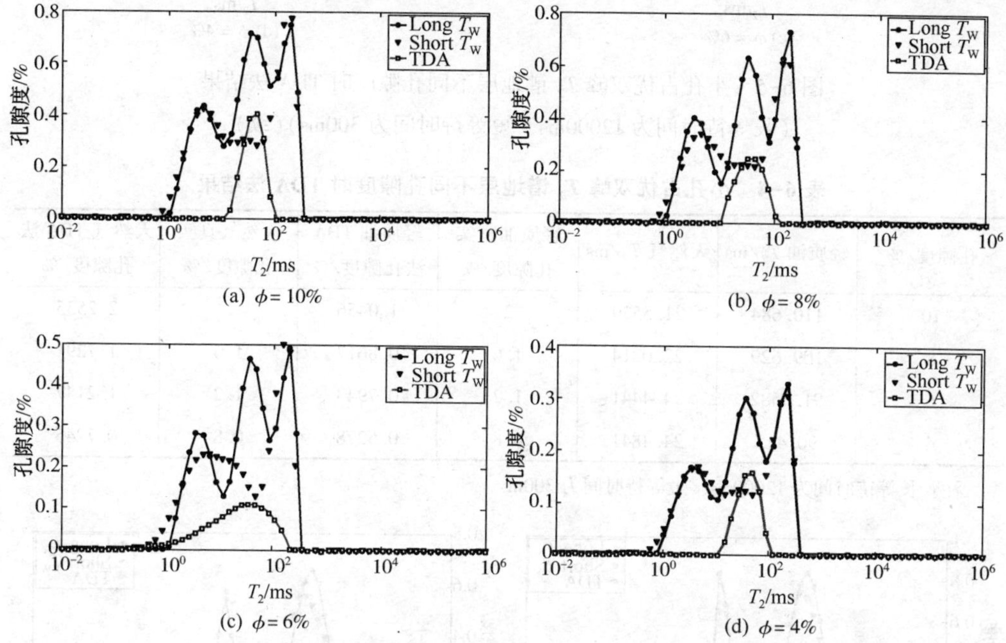

图 6-4　小孔占优双峰 T_2 谱地层不同孔隙度时 TDA 法结果

（长等待时间为 12000ms，短等待时间为 1000ms）

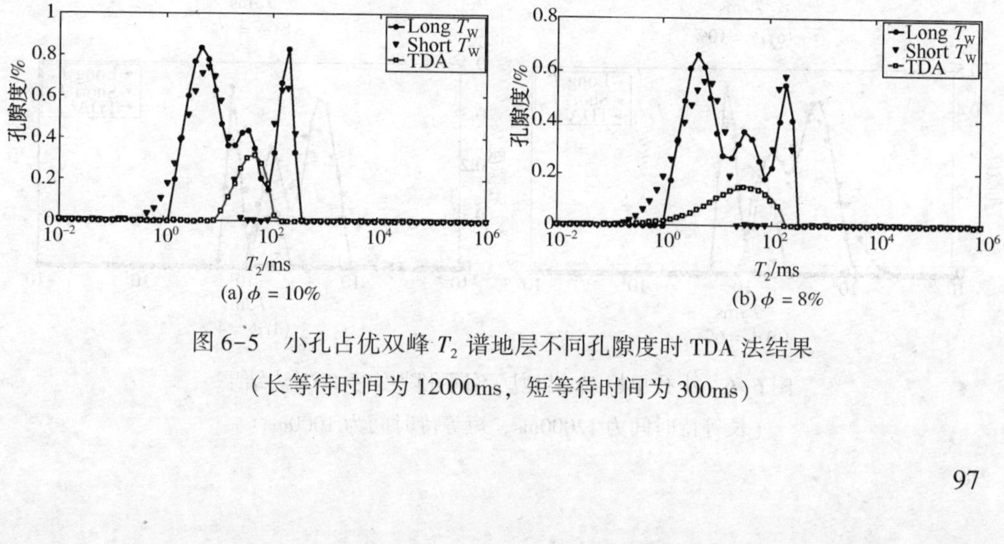

图 6-5　小孔占优双峰 T_2 谱地层不同孔隙度时 TDA 法结果

（长等待时间为 12000ms，短等待时间为 300ms）

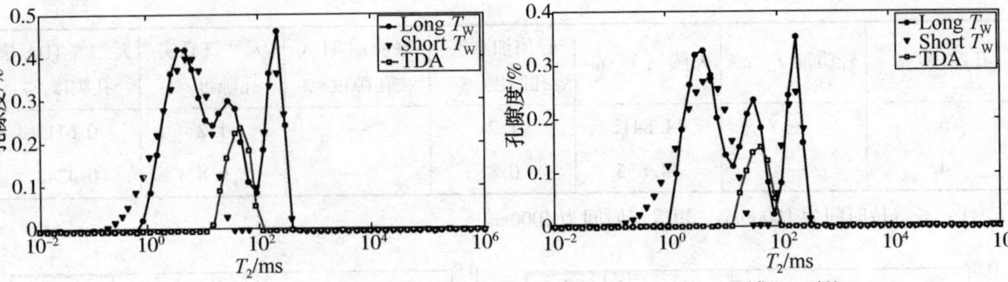

(c) ϕ = 6%　　(d) ϕ = 4%

图 6-5　小孔占优双峰 T_2 谱地层不同孔隙度时 TDA 法结果

（长等待时间为 12000ms，短等待时间为 300ms）（续）

表 6-4　小孔占优双峰 T_2 谱地层不同孔隙度时 TDA 法结果

孔隙度/%	轻质油 T_2/ms	天然气 T_2/ms	轻质油真实孔隙度/%	轻质油 TDA 法孔隙度/%	天然气真实孔隙度/%	天然气 TDA 法孔隙度/%
10	110. 684	21. 5529	2	1. 0456	2	2. 2535
8	109. 629	22. 0214	1. 6	0. 8617	1. 6	1. 7291
6	91. 5582	24. 4441	1. 2	0. 7943	1. 2	1. 2147
4	90. 415	24. 4841	0. 8	0. 5278	0. 8	0. 7245

注：长等待时间为 12000ms，短等待时间为 300ms。

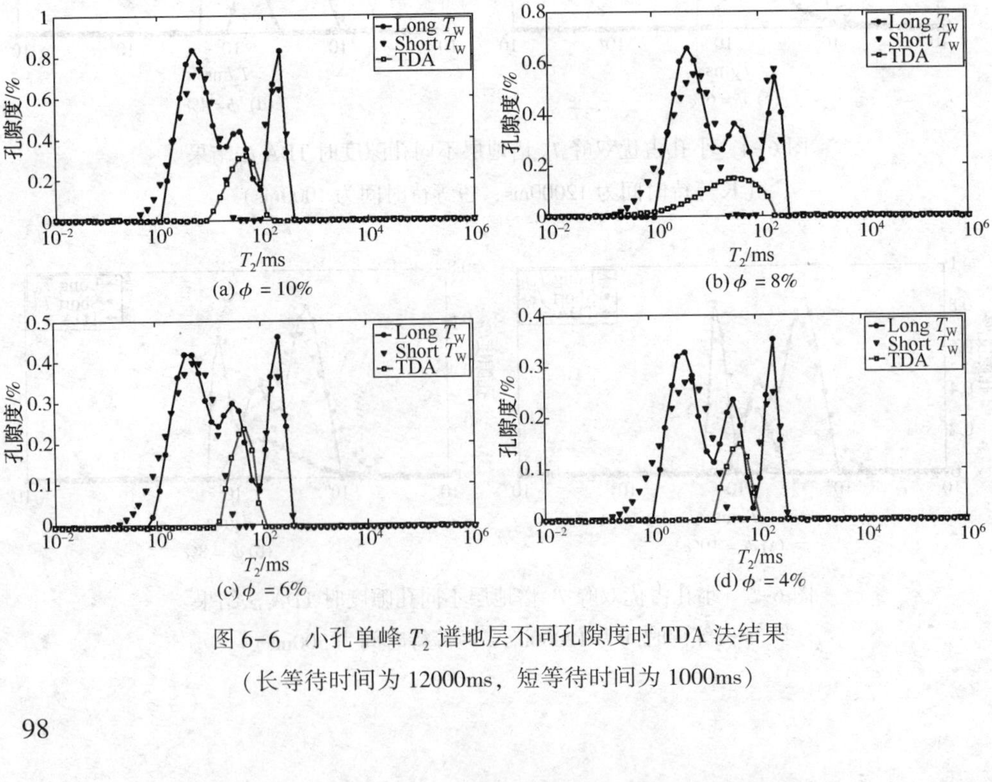

(a) ϕ = 10%　　(b) ϕ = 8%

(c) ϕ = 6%　　(d) ϕ = 4%

图 6-6　小孔单峰 T_2 谱地层不同孔隙度时 TDA 法结果

（长等待时间为 12000ms，短等待时间为 1000ms）

表 6-5　小孔单峰 T_2 谱地层不同孔隙度时 TDA 法结果

孔隙度/%	轻质油 T_2/ms	天然气 T_2/ms	轻质油真实孔隙度/%	轻质油 TDA 法孔隙度/%	天然气真实孔隙度/%	天然气 TDA 法孔隙度/%
10	—	42.4318	2	—	2	1.1548
8	—	44.0262	1.6	—	1.6	0.9206
6	—	45.6008	1.2	—	1.2	0.6917
4	—	45.6323	0.8	—	0.8	0.4402

注：长等待时间为 12000ms，短等待时间为 1000ms。

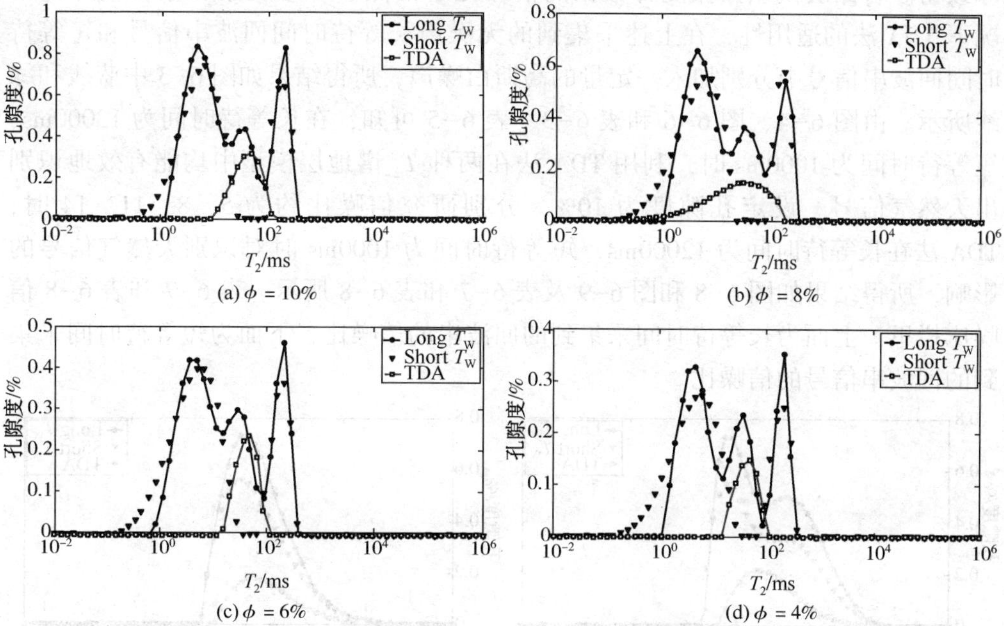

(a) $\phi = 10\%$　(b) $\phi = 8\%$　(c) $\phi = 6\%$　(d) $\phi = 4\%$

图 6-7　小孔单峰 T_2 谱地层不同孔隙度时 TDA 法结果

（长等待时间为 12000ms，短等待时间为 300ms）

表 6-6　小孔单峰 T_2 谱地层不同孔隙度时 TDA 法结果

孔隙度/%	轻质油 T_2/ms	天然气 T_2/ms	轻质油真实孔隙度/%	轻质油 TDA 法孔隙度/%	天然气真实孔隙度/%	天然气 TDA 法孔隙度/%
10	106.75	20.5598	2	1.0185	2	2.1212
8	105.564	19.8761	1.6	0.8531	1.6	1.7074
6	92.2789	17.4441	1.2	0.7559	1.2	1.2487
4	88.5628	12.8088	0.8	0.5195	0.8	0.7829

注：长等待时间为 12000ms，短等待时间为 300ms。

由图 6-4~图 6-7 和表 6-3~表 6-6 可知，饱和油气水三相流体的小孔占优双峰和小孔单峰地层，在长等待时间为 12000ms，短等待时间为 300ms 时，利用 TDA 法能识别出轻质油和天然气。在长等待时间为 12000ms，短等待时间为 1000ms 时，利用 TDA 法只能识别出天然气，识别不出轻质油，原因在于采集参数选择不合理，短等待时间为 1000ms 时，极化水的同时轻质油也被极化了。随着孔隙度的降低，轻质油和天然气识别的精度下降，识别结果和油气实际性质差距增大。

实际致密砂岩储层核磁共振测井数据中不可能没有噪声，由第三章可知，实际致密砂岩储层核磁共振测井数据的信噪比通常低于 15。为了考察低信噪比情况下 TDA 法的适用性，在上述采集到的无噪声长等待时间回波串信号和短等待时间回波串信号中分别加入一定量的高斯白噪声，所得结果如图 6-3 中蓝线和绿线所示。由图 6-4、图 6-6 和表 6-3、表 6-5 可知，在长等待时间为 12000ms，短等待时间为 1000ms 时，利用 TDA 法在两种 T_2 谱地层模型中均能有效地识别出天然气信号。设定孔隙度为 10%，分别研究信噪比约为 5、8、11、14 时，TDA 法在长等待时间为 12000ms，短等待时间为 1000ms 时对识别天然气信号的影响，所得结果如图 6-8 和图 6-9 及表 6-7 和表 6-8 所示。表 6-7 和表 6-8 信噪比栏里，上面为长等待时间采集到的回波串的信噪比，下面为短等待时间采集到的回波串信号的信噪比。

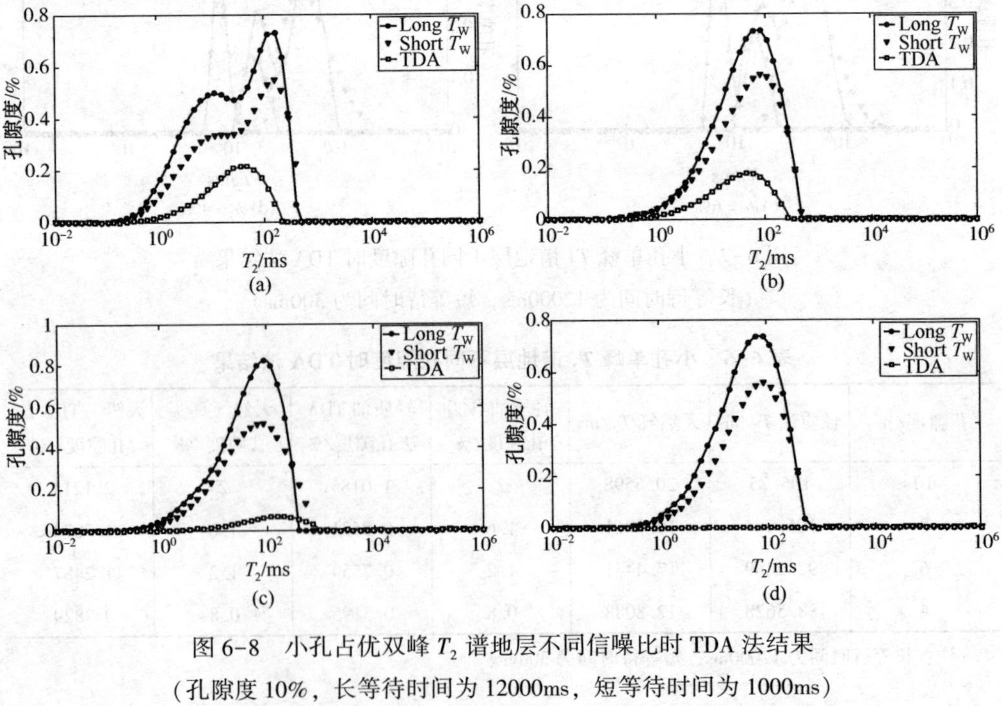

图 6-8　小孔占优双峰 T_2 谱地层不同信噪比时 TDA 法结果

（孔隙度 10%，长等待时间为 12000ms，短等待时间为 1000ms）

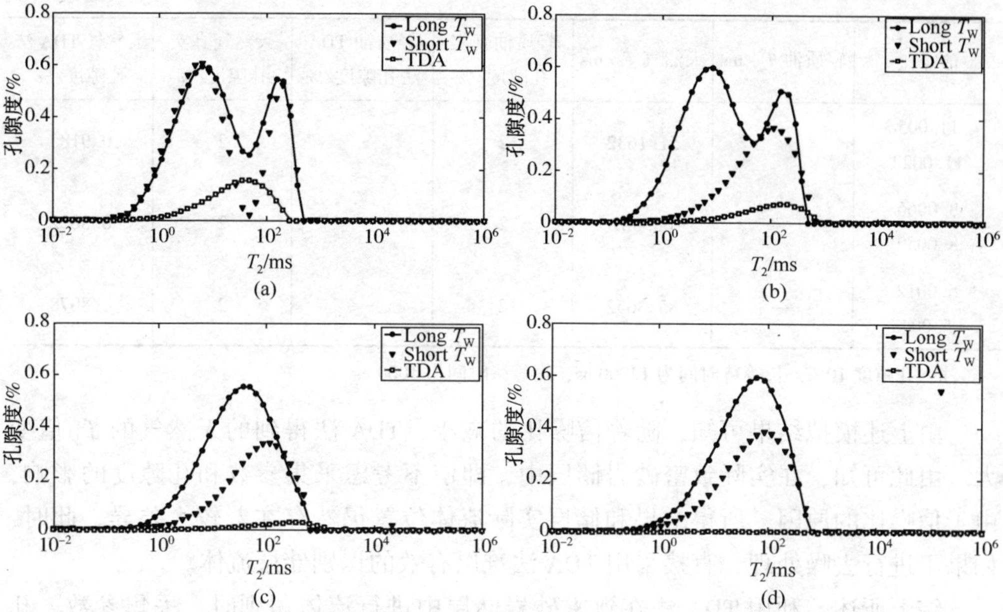

图 6-9　小孔单峰 T_2 谱地层不同信噪比时 TDA 法结果

（孔隙度 10%，长等待时间为 12000ms，短等待时间为 1000ms）

表 6-7　小孔占优双峰 T_2 谱地层不同信噪比时 TDA 法结果

信噪比	轻质油 T_2/ms	天然气 T_2/ms	轻质油真实孔隙度/%	轻质油 TDA 法孔隙度/%	天然气真实孔隙度/%	天然气 TDA 法孔隙度/%
13.9905 13.9911	—	45.1941	2	—	2	1.2475
10.99 10.99	—	51.6302	2	—	2	1.1681
7.9969 8.0017	—	53.7896	2	—	2	1.1674
4.9987 5.0041	—	55.446	2	—	2	1.1535

注：孔隙度 10%，长等待时间为 12000ms，短等待时间为 1000ms。

表 6-8　小孔单峰 T_2 谱地层不同信噪比时 TDA 法结果

信噪比	轻质油 T_2/ms	天然气 T_2/ms	轻质油真实孔隙度/%	轻质油 TDA 法孔隙度/%	天然气真实孔隙度/%	天然气 TDA 法孔隙度/%
14.0075 14.0041	—	45.5978	2	—	2	0.9759

续表

信噪比	轻质油 T_2/ms	天然气 T_2/ms	轻质油真实孔隙度/%	轻质油 TDA 法孔隙度/%	天然气真实孔隙度/%	天然气 TDA 法孔隙度/%
11.005 11.0022	—	51.1632	2	—	2	0.9185
8.0066 8.0059	—	68.867	2	—	2	0.8822
5.0012 5.004	—	85.3652	2	—	2	0.8078

注：孔隙度 10%，长等待时间为 12000ms，短等待时间为 1000ms。

由上述模拟结果可知，随着信噪比的减小，TDA 法得到的天然气的 T_2 值变大。由此可知，在实际致密砂岩储层中，即使不考虑采集参数和孔隙度的影响，由于信噪比的原因，所得结果和储层实际流体位置仍然存在着较大差异。此时，如果不进行去噪处理，直接采用 TDA 法难以有效的识别储层流体。

综上所述，利用 TDA 法在致密砂岩储层中进行流体识别时，采集参数、孔隙度和信噪比都对所得结果有直接影响。即使采集参数设计合理，致密砂岩储层较低的孔隙度和信噪比，都对 TDA 法的适用性产生了不利影响。随着研究的深入，人们发现轻质油横向弛豫时间展布范围与地层水有小部分重合，而天然气的横向弛豫时间展布范围和地层水的展布范围重合。这就导致目前以横向弛豫时间 T_2 分布进行流体识别的一维核磁共振流体识别方法在实际应用时存在信息量明显不足的问题。为了在致密砂岩储层中更有效地进行流体识别，本书下一节将进一步分析二维核磁共振流体识别方法。

第二节　二维核磁共振流体识别方法

一、二维核磁共振流体识别方法

根据所考察的储层流体核磁共振性质的不同，二维核磁共振流体识别方法可分为 T_2-D 法、T_2-T_1 法、T_2-T_1/T_2 法等。同一维核磁共振流体识别方法类似，不同的二维核磁共振流体识别方法与数据的采集和处理方式密切相关。按照磁场梯度类型，二维核磁共振脉冲序列可以分为脉冲梯度场和恒定梯度场两类（吴飞等，2015；范宜仁等，2015）。基于脉冲梯度场的有 PFG、STE-PFG、BP-PFG 等脉冲序列，基于恒定梯度场的有改良式 CPMG、两个窗口扩散编程、单个窗口多回波间隔/等待时间 CPMG 脉冲序列。脉冲梯度场的优势是有较高的磁场梯度值，扩散系数测量范围大，不足之处在于梯度窗口内不采集回波信号，对短弛豫组分分辨率不足。恒定梯度场对短弛豫组分具有较强的分辨率，不足之处是磁场梯度值较小，导致扩散系数测量范围略小，识别扩散系数较小的稠油层时易产生拖尾现象。由于致密砂岩储层束缚水饱和度高，束缚水显示为短弛豫组分。轻质油、天然气和水的扩散系数均不太小。因此，选择恒定梯度场作为考察对象。在恒定梯度场中，单个窗口多回波间隔/等待时间 CPMG 脉冲序列由于借助成熟的 CPMG 脉冲序列，便于进行数据的采集，具有较强的实用性。

利用多回波间隔 CPMG 脉冲序列采集多组回波串，即可利用 T_2-D 法进行储层流体的识别，相应的核磁共振响应方程的离散形式为：

$$f_{ij} = \sum_{k=1}^{q} \sum_{r=1}^{p} S_{kr} \exp\left(-\frac{1}{12}\gamma^2 g^2 T_{Ej}^2 D_r t_i \right) \exp(-t_i/T_{2k}) + \varepsilon_{ij} \tag{6-23}$$

式中，S 为待求的 T_2-D 谱；q 和 p 为布点数，$i=1, 2, \cdots, n$，n 为每组回波串的回波个数；$j=1, 2, \cdots, m$，m 为回波串组数；$k=1, 2, \cdots, q$；$r=1, 2, \cdots, p$；f_{ij}为回波间隔为 T_{Ej}的第 j 个回波串的第 i 个回波的幅值；s_{kr}为扩散系数为 D_r 和弛豫时间为 T_{2k}时的孔隙所占总孔隙体积的百分比；γ 为旋磁比；T_{Ej}是第 j 个回波串的回波间隔；ε_{ij}为第 j 个回波串的第 i 个回波的噪声。

利用多等待时间 CPMG 脉冲序列采集多组回波串，即可利用 T_2-T_1 法进行储层流体的识别，相应的核磁共振响应方程的离散形式为：

$$f_{ij} = \sum_{k=1}^{q} \sum_{r=1}^{p} S_{kr} [1 - \exp(-T_{Wj}/T_{1r})] \exp(-t_i/T_{2k}) + \varepsilon_{ij} \tag{6-24}$$

式中，S 为待求的 T_2-T_1 谱；f_{ij}为等待时间为 T_{Wj}的第 j 个回波串的第 i 个回波的幅值；S_{kr}为纵向弛豫时间为 T_{1k}和横向弛豫时间为 T_{k2}时的孔隙体积百分比。

T_2-T_1/T_2 法依据天然气的 T_1/T_2 比值比轻质油和水的 T_1/T_2 大一个数量级进行储层流体识别。研究表明该方法在探测天然气储层上有较好的应用效果。令 $R=T_1/T_2$，将 $T_1=\mathrm{R}T_2$ 代入式(6-24)，此时式(6-24)转化为一个关于 T_2-R 的函数，进行反演求解即可。除上述二维核磁共振流体识别方法外，还有只能在实验室进行二维核磁共振流体识别的 T_1-MAS 法、T_1-MRI 法、$D-MRI$ 法以及用于探测岩石内部梯度磁场的 T_2-G 法。

上述二维核磁共振流体识别方法在实际应用中以 T_1-D 法和 T_2-T_1 法为主。在常规储层中的应用结果显示 T_2-T_1 法识别气层具有优势，而 T_2-D 法识别油水层有优势(邓克俊，2010)。由于我国致密砂岩储层以致密砂岩气为主(张哨楠和丁晓琪，2010)，致密砂岩储层所含油黏度较小，多为轻质油，轻质油的扩散系数和自由水接近，在扩散系数轴上的区分度不如纵向弛豫时间，而 T_2-T_1/T_2 法具有较强的区分气水层的能力，却不能区分油水层，因此，针对致密砂岩储层，为了有效识别气层，同时兼顾轻质油层，选择 T_2-T_1 法为考察对象，进行下述分析。

二、二维核磁共振流体识别数值模拟及结果分析

对上一节中的两种 T_2 谱地层模型，分别利用 T_2-T_1 法进行数值模拟。为了能更为真实、有效地对储层流体进行识别，在回波串数据中加入一定量的噪声。受现有核磁共振测井仪器数据采集能力的限制，一般不考虑信噪比低于 5 的一维信号和信噪比低于 20 的二维信号，认为此时仪器采集参数设置不合理，有效信号含量极少，完全被淹没在噪声中。因此，为了考察二维核磁共振测井 T_2-T_1 法在实际致密砂岩储层流体识别中的适用性，在采集到的核磁共振回波串数据中加入信噪比约为 20 的噪声，采用对储层流体辨识能力较强的 L_2/L_1 双参数正则化法进行反演，两种地层模型的流体识别结果分别如图 6-10 和图 6-11所示。

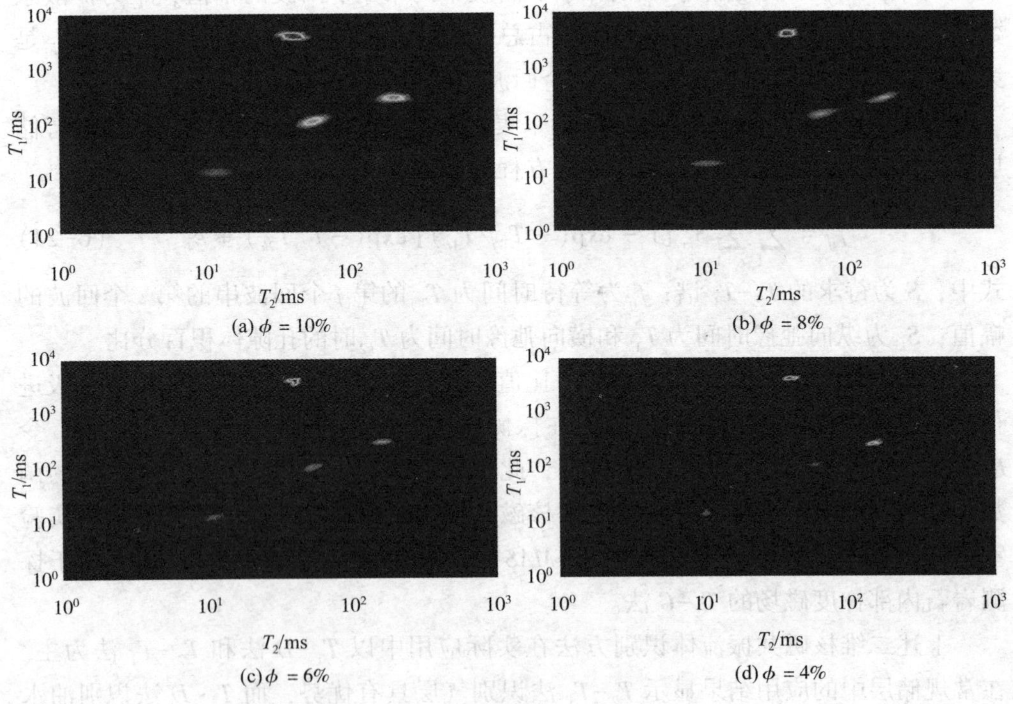

图 6-10　小孔占优双峰 T_2 谱地层不同孔隙度时 T_2-T_1 法反演结果

由图 6-10 和图 6-11 可以直观地看出，采用 T_2-T_1 法在两种地层中都能有效

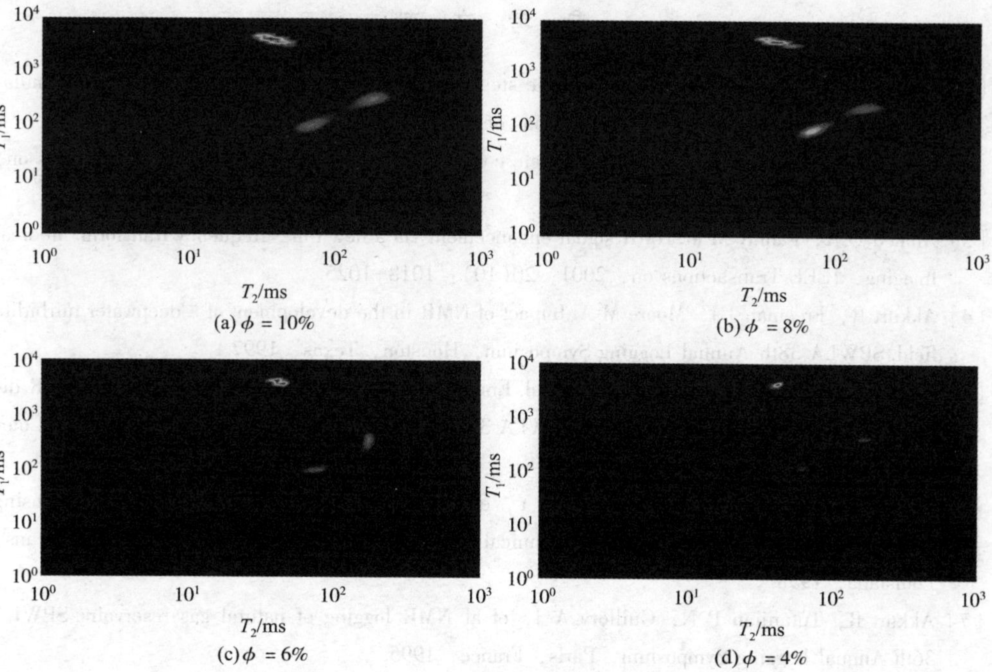

图 6-11　小孔单峰 T_2 谱地层不同孔隙度时 T_2-T_1 法反演结果

识别轻质油、天然气和水，这些结果显示出二维核磁共振在流体识别方面的巨大优势。改变储层流体性质进行多次实验后，发现 T_2-T_1 法在通常情况下识别流体是非常有效的。

参 考 文 献

[1] Aboulnasr T, Mayyas K. A robust variable step-size LMS-type algorithm: Analysis and simulations. Signal Processing, IEEE Transactions on, 1997, 45(3): 631-639.

[2] Ahmed N, Natarajan T, Rao K R. Discrete cosine transform. Computers, IEEE Transactions on, 1974, 100(1): 90-93.

[3] Ahmed O A, Fahmy M M. NMR signal enhancement via a new time-frequency transform. Medical Imaging, IEEE Transactions on, 2001, 20(10): 1018-1025.

[4] Akkurt R, Freeman J J, Moore M A. Impact of NMR in the development of a deepwater tuirbidite field. SPWLA 38th Annual Logging Symposium, Houston, Texas, 1997.

[5] Akkurt R, Mardon D, Gardner J S, et al. Enhanced diffusion: Expanding the range of NMR direct hydrocarbon-typing applications. SPWLA 39th Annual Logging Symposium, Keystone, Colorado, 1998.

[6] Akkurt R, Marschall D, Eyvazzadeh R Y, et al. Determination of residual oil saturation using enhanced diffusion. SPE Annual Technical Conference and Exhibition, New Orleans, Louisiana, 1998.

[7] Akkurt R, Tutunjian P N, Guillory A J, et al. NMR logging of natural gas reservoirs. SPWLA 36th Annual Logging Symposium, Paris, France, 1995.

[8] Altunbay M, Martain R, Robinson M. Capillary pressure data from NMR logs and its implications on field economics. SPE Annual Technical Conference and Exhibition, Orleans, Louisiana, 2001.

[9] Amyx J W, Bass D M, Whiting R L. Petroleum reservoir engineering. New York: McGraw-Hill, 1960.

[10] Arogun O, Nwosu C. Capillary pressure curves from nuclear magnetic resonance log data in a deepwater turbidite nigeria field-a comparison to saturation models from scal drainage capillary pressure curves. Nigeria Annual International Conference and Exhibition, Abuja, Nigeria, 2011.

[11] Aster R C, Borchers B, Thurber C H. Parameter estimation and inverse problems. Academic Press, 2013.

[12] Ausbrooks R, Hurley N, May A, et al. Pore-size distributions in vuggy carbonates from core images, NMR, and capillary pressure. SPE Annual Technical Conference and Exhibition, Houston, Texas, 1999.

[13] Beck A, Teboulle M. A fast iterative shrinkage-thresholding algorithm for linear inverse problems. SIAM journal on imaging sciences, 2009, 2(1): 183-202.

[14] Becker S, Bobin J, Candès E J. Nesta: A fast and accurate first-order method for sparse recovery. SIAM Journal on Imaging Sciences, 2011, 4(1): 1-39.

[15] Bernstein M, Thomasson D M, Perman W. H. Improved detectability in low signal-to-noise ratio magnetic resonance images by means of a phase-corrected real reconstruction. Medical Physics, 1989, 16(5): 813-817.

[16] Borgia G, Brown R, Fantazzini P. Examples of marginal resolution of NMR relaxation peaks using upen and diagnostics. Magnetic resonance imaging, 2001, 19(3): 473-475.

[17] Borgia G, Brown R, Fantazzini P. Uniform-penalty inversion of multiexponential decay data. Journal of magnetic resonance, 1998, 132(1): 65-77.

[18] Borgia G, Brown R, Fantazzini P. Uniform-penalty inversion of multiexponential decay data: Ii. Data spacing, T_2 data, systematic data errors, and diagnostics. Journal of magnetic resonance, 2000, 147(2): 273-285.

[19] Butler J, Reeds J, Dawson S. Estimating solutions of first kind integral equations with nonnegative constraints and optimal smoothing. SIAM Journal on Numerical Analysis, 1981, 18(3): 381-397.

[20] Cancino-De-Greiff H F, Ramos-Garcia R, Lorenzo-Ginori J V. Signal de-noising in magnetic resonance spectroscopy using wavelet transforms. Concepts in Magnetic Resonance, 2002, 14(6): 388-401.

[21] Chen S, Hursan G, Beard D, et al. Correction for processing multigradient, multiple- NMR log data. SPE Annual Technical Conference and Exhibition, Denver, Colorado, 2003.

[22] Chouzenoux E, Moussaoui S, Idier J, et al. Efficient maximum entropy reconstruction of nuclear magnetic resonance T_1-T_2 spectra. Signal Processing, IEEE Transactions on, 2010, 58(12): 6040-6051.

[23] Chouzenoux E, Moussaoui S, Idier J, et al. Optimization of a maximum entropy criterion for 2D nuclear magnetic resonance reconstruction. IEEE International Conference on Acoustics, Speech and Signal Processing, Dallas, Texas, 2010.

[24] Chuanxing Z, Yiming Z. Noise reduction for low-field pulsed NMR signal via stationary wavelet transform. ICEMI'07 8th International Conference on proceedings of the Electronic Measurement and Instruments, Xi'an, 2007.

[25] Clerke E. Permeability and microscopic displacement efficiency of m1 bimodal pore systems in arab D limestone. SPE Middle East Oil and Gas Show and Conference, Manama, Bahrain, 2007.

[26] Coates G R, Miller D L, Gardner J S. Applying pulse-echo NMR to shaly sand formation evaluation. SPWLA 35th Annual Logging Symposium, Tulsa, Oklahoma, 1994.

[27] Coates G R, Xiao L Z, Prammer M G. NMR logging: Principles and applications. Houston: Gulf Professional Publishing, 1999.

[28] Cobas J C, Tahoces P G, Martin-Pastor M, et al. Wavelet-based ultra-high compression of multidimensional NMR data sets. Journal of magnetic resonance, 2004, 168(2): 288-295.

[29] Coifman R R, Meyer Y, Wickerhauser V. Wavelet analysis and signal processing. In Wavelets and their Applications, Boston, MA: Jones & Bartlett, 1992.

[30] Coifman R R, Wickerhauser M V. Entropy-based algorithms for best basis selection. Information Theory, IEEE Transactions on, 1992, 38(2): 713-718.

[31] Combettes P L, Wajs V R. Signal recovery by proximal forward-backward splitting. Multiscale Modeling & Simulation, 2005, 4(4): 1168-1200.

[32] Dahlquist G, Bj? rk A. Equidistant interpolation and the runge phenomenon, Numerical Meth-

ods. Courier Dover, 1974, 59(1): 101–103.
[33] Daubechies I, Defrise M, De Mol C. An iterative thresholding algorithm for linear inverse problems with a sparsity constraint. Communications on Pure and Applied Mathematics, 2004, 57 (11): 1413–1457.
[34] Day I J. On the inversion of diffusion NMR data: Tikhonov regularization and optimal choice of the regularization parameter. Journal of magnetic resonance, 2011, 211(2): 178–185.
[35] de Swiet T M, Tomaselli M, Hürlimann M D, et al. In situnmr analysis of fluids contained in sedimentary rock. Journal of magnetic resonance, 1998, 133(2): 385–387.
[36] Dentino M, McCool J, Widrow B. Adaptive filtering in the frequency domain. Proceedings of the IEEE, 1978, 66(12): 1658–1659.
[37] Donoho D L, Johnstone I M. Adapting to unknown smoothness via wavelet shrinkage. Journal of the american statistical association, 1995, 90(432): 1200–1224.
[38] Donoho D L, Johnstone J M. Ideal spatial adaptation by wavelet shrinkage. Biometrika, 1994, 81(3): 425–455.
[39] Donoho D L, Tsaig Y. Fast solution of L_1-norm minimization problems when the solution may be sparse. Information Theory, IEEE Transactions on, 2008, 54(11): 4789–4812.
[40] Dunn K J, Bergman D J, LaTorraca G A. Nuclear magnetic resonance: Petrophysical and logging applications. New York: Pergamon, 2002.
[41] Edelstein W, Bottomley P A, Pfeifer L M. A signal-to-noise calibration procedure for NMR imaging systems. Medical Physics, 1984, 11(2): 180–185.
[42] Edwards C M, Chen S. Improved NMR well logs from time-dependent echo filtering. SPWLA 37th Annual Logging Symposium, New Orleans, Louisiana, 1996.
[43] Erdol N, Basbug F. Wavelet transform based adaptive filters: Analysis and new results. Signal Processing, IEEE Transactions on, 1996, 44(9): 2163–2171.
[44] Eslami M, Kadkhodaie-Ilkhchi A, Sharghi Y, et al. Construction of synthetic capillary pressure curves from the joint use of NMR log data and conventional well logs. Journal of Petroleum Science and Engineering, 2013, 111(11): 50–58.
[45] Ferrara E R. Fast implementations of LMS adaptive filters. Acoustics, Speech and Signal Processing, IEEE Transactions on, 1980, 28(4): 474–475.
[46] Figueiredo M A, Nowak R D, Wright S J. Gradient projection for sparse reconstruction: Application to compressed sensing and other inverse problems. Selected Topics in Signal Processing, IEEE Journal of, 2007, 1(4): 586–597.
[47] Freedman R, Heaton N, Flaum M. Field applications of a new nuclear magnetic resonance fluid characterization method. SPE Annual Technical Conference and Exhibition, New Orleans, Louisiana, 2001.
[48] Freedman R, Heaton N, Flaum M. Field applications of a new nuclear magnetic resonance fluid characterization method. SPE Reservoir Evaluation & Engineering, 2002, 5(6): 455–464.
[49] Freedman R, Lo S, Flaum M, et al. A new NMR method of fluid characterization in reservoir rocks: Experimental confirmation and simulation results. SPE Journal, 2001, 6(4): 452–464.

[50] Freedman R, Minh C C, Gubelin G, et al. Combining NMR and density logs for petrophysical analysis in gas-bearing formations. SPWLA 39th Annual Logging Symposium, Keystone, Colorado, 1998.
[51] Fukazawa J, Takegoshi K. Phase covariance in NMR signal. Physical Chemistry Chemical Physics, 2010, 12(37): 11225-11227.
[52] G. R. Coates, L, . X., M. G. Prammer. NMR Logging Principles and Applications. Houston: Gulf Publishing Company, 1999.
[53] Gao B, Wu J, Chen S, et al. New method for predicting capillary pressure curves from NMR data in carbonate rocks. SPWLA 52nd Annual Logging Symposium, Colorado Springs, Colorado, 2011.
[54] Georgi D T, Shorey D S, Ostroff G M. Integration of NMR and conventional log data for improved petrophysical evaluation of shaly sands. SPWLA 40th Annual Logging Symposium, Oslo, Norway, 1999.
[55] Glorioso J, Omar A, Gabriel P, et al. Deriving capillary pressure and water saturation from NMR transversal relaxation times. SPE Latin American and Caribbean Petroleum Engineering Conference, Port-of-Spain, Trinidad and Tobago, 2003.
[56] Golub G H, Heath M, Wahba G. Generalized cross-validation as a method for choosing a good ridge parameter. Technometrics, 1979, 21(2): 215-223.
[57] Golub G H, O'Leary D P. Some history of the conjugate gradient and lanczos methods. Siam review, 1989, 31(1): 50-102.
[58] Golub G H, Von Matt U. Generalized cross-validation for large-scale problems. Journal of Computational and Graphical Statistics, 1997, 6(1): 1-34.
[59] Grunewald E, Knight R. The effect of pore size and magnetic susceptibility on the surface NMR relaxation parameter T_2*. Near Surface Geophysics, 2011, 9(2): 169-178.
[60] Hadamard J. Lectures on cauchy's problem in linear partial differential equations. New Haven: Yale University Press, 1923.
[61] Hale E T, Yin W, Zhang Y. A fixed-point continuation method for L_1-regularized minimization with applications to compressed sensing. CAAM Technical Report TR07-07, Rice University, Houston, 2007.
[62] Hansen P C, O'Leary D P. The use of the L-curve in the regularization of discrete ill-posed problems. SIAM Journal on Scientific Computing, 1993, 14(6): 1487-1503.
[63] Hansen P C. Analysis of discrete ill-posed problems by means of the L-curve. SIAM review, 1992, 34(4): 561-580.
[64] Hansen P C. Rank-deficient and discrete ill-posed problems: Numerical aspects of linear inversion. Siam, 1998.
[65] Hansen P C. Regularization tools: A matlab package for analysis and solution of discrete ill-posed problems. Numerical algorithms, 1994, 6(1): 1-35.
[66] Hansen P C. The L-curve and its use in the numerical treatment of inverse problems. Southampton: WIT Press, 2001.

[67] Hansen P C. The discrete picard condition for discrete ill-posed problems. BIT Numerical Mathematics, 1990, 30(4): 658-672.
[68] Hansen P C. Truncated singular value decomposition solutions to discrete ill-posed problems with ill-determined numerical rank. SIAM Journal on Scientific and Statistical Computing, 1990, 11(3): 503-518.
[69] Hebber E. Numerical strategies for the solution of inverse problems(博士学位论文). 温哥华: 英属哥伦比亚大学, 1997.
[70] Hfirlimann M, Venkataramanan L, Flaum C, et al. Diffusion-editing: New NMR measurement of saturation and pore geometry. SPWLA 43rd Annual Logging Symposium, Oiso, Japan, 2002.
[71] Hofman J, Looyestijn W, Volokitin Y, et al. Constructing capillary pressure curves from NMR log data in the presence of hydrocarbons. SPWLA 40th Annual Logging Symposium, Oslo, Norway, 1999.
[72] Honerkamp J, Weese J. Tikhonovs regularization method for ill-posed problems. Continuum Mechanics and Thermodynamics, 1990, 2(1): 17-30.
[73] Hosur S, Tewfik A H. Wavelet transform domain adaptive FIR filtering. Signal Processing, IEEE Transactions on, 1997, 45(3): 617-630.
[74] Hosur S, Tewfik A H. Wavelet transform domain LMS algorithm. IEEE International Conference on proceedings of the Acoustics, Speech, and Signal Processing, Minneapolis, 1993.
[75] Hu M, Li Y, Yang G, et al. Wavelet transform analysis of NMR structure ensembles to reveal internal fluctuations of enzymes. Amino acids, 2012, 42(5): 1773-1781.
[76] Hunter D R, Lange K. Quantile regression via an MM algorithm. Journal of Computational and Graphical Statistics, 2000, 9(1): 60-77.
[77] Hürlimann M D, Venkataramanan L, Flaum C, et al. Diffusion-editing: New NMR measurement of saturation and pore geometry. SPWLA 43rd Annual Logging Symposium, Oiso, Japan, 2002.
[78] Hursan G, Chen S, Murphy E. New NMR two-dimensional inversion of T_1/T_2 app method for gas well petrophysical interpretation. SPWLA 46th Annual Logging Symposium, New Orleans, Louisiana, 2005.
[79] Ito K, Jin B. A new approach to nonlinear constrained tikhonov regularization. Inverse Problems, 2011, 27(10): 105005-105027.
[80] Jenkins W, Kreidle J. Adaptive digital filters using the walsh-hadamard transform. International Conference on Circuits and Systems, San Jose, California, 1986.
[81] Kalivas J H. Overview of two-norm (L_2) and one-norm (L_1) Tikhonov regularization variants for full wavelength or sparse spectral multivariate calibration models or maintenance. Journal of Chemometrics, 2012, 26(6): 218-230.
[82] Kenyon W E, Ehrlich R, Horkowitz K, et al. Pore-size distribution and NMR in microporous cherty sandstones. SPWLA 30th Annual Logging Symposium, Denver, Colorado, 1989.
[83] Kilmer M E, O'Leary D P. Choosing regularization parameters in iterative methods for ill-posed

problems. SIAM Journal on matrix analysis and applications, 2001, 22(4): 1204-1221.
[84] Kim S J, Koh K, Lustig M, et al. An interior-point method for large-scale L_1-regularized least squares. Selected Topics in Signal Processing, IEEE Journal of, 2007, 1(4): 606-617.
[85] Kleinberg R, Boyd A. Tapered cutoffs for magnetic resonance bound water volume. SPE Annual Technical Conference and Exhibition, San Antonio, Texas, 1997.
[86] Law B E, Pollastro R M, Keighin C. Geology of tight gas reservoirs. AAPG, 1986.
[87] Liu P, Liu D. Selection of regularization parameter based on generalized cross-validation in total variation remote sensing image restoration. International Society for Optics and Photonics, Toulouse, France, 2010.
[88] Liu Z, Abbas A, Jing B Y, et al. Wavpeak: Picking NMR peaks through wavelet-based smoothing and volume-based filtering . Bioinformatics, 2012, 28(7): 914-920.
[89] Looyestijn W J. Determination of oil saturation from diffusion NMR logs. SPWLA 37th Annual Logging Symposium, New Orleans, Louisiana, 1996.
[90] Loren J D, Robinson J D. Relations between pore size fluid and matrix properties, and NML measurements. Society of Petroleum Engineers Journal, 1970, 10(3): 268-278.
[91] Lowden B, Porter M, Powrie L. T_2 relaxation time versus mercury injection capillary pressure: Implications for NMR logging and reservoir characterisation. European Petroleum Conference, Hague, Netherlands, 1998.
[92] Ma X, Zhou C, Kemp I. Automated wavelet selection and thresholding for pd detection. Electrical Insulation Magazine, IEEE, 2002, 18(2): 37-45.
[93] Malioutov D M, Cetin M, Willsky A S. Homotopy continuation for sparse signal representation. IEEE International Conference on proceedings of the Acoustics, Speech, and Signal Processing, Philadelphia, 2005.
[94] Mallat S G. A theory for multiresolution signal decomposition: The wavelet representation. Pattern Analysis and Machine Intelligence, IEEE Transactions on, 1989, 11(7): 674-693.
[95] Mallat S G. Multifrequency channel decompositions of images and wavelet models. Acoustics, Speech and Signal Processing, IEEE Transactions on, 1989, 37(12): 2091-2110.
[96] Mallat S G. Multiresolution approximations and wavelet orthonormal bases of $L2$(R). Transactions of the American Mathematical Society, 1989, 315(1): 69-87.
[97] Mallows C L. Some comments on Cp. Technometrics, 1973, 15(4): 661-675.
[98] Mao Z, Kuang L, Sun Z, et al. Effects of hydrocarbon on deriving pore structure information from NMR T_2 data. 48th Annual Logging Symposium, Austin, Texas, 2007.
[99] Marquardt D W. An algorithm for least-squares estimation of nonlinear parameters. Journal of the Society for Industrial & Applied Mathematics, 1963, 11(2): 431-441.
[100] Marschall D, Gardner J, Mardon D, et al. Method for correlating NMR relaxometry and mercury injection data. SCA Conference, San Fransisco, California, 1995.
[101] Mathews J H, Fink K D, 陈渝 . 数值方法(matlab 版). 北京: 电子工业出版社 . 2002.
[102] Minh C C, Gubelin G, Ramamoorthy R, et al. Sonic-magnetic resonance method: A sourceless porosity evaluation in gas-bearing reservoirs. SPE Reservoir Evaluation & Engineering,

2001, 4(3): 209-220.
[103] Misiti M, Misiti Y, Oppenheim G, et al. Matlab wavelet toolbox user\'s guide. Version 3. 2004.
[104] Mohnke O, Yaramanci U. Smooth and block inversion of surface NMR amplitudes and decay times using simulated annealing. Journal of Applied Geophysics, 2002, 50(1): 163-177.
[105] Moore M A, Akkurt R. Nuclear magnetic resonance applied to gas detection in a highly laminated gulf of mexico turbidite invaded with synthetic oil filtrate. SPE Annual Technical Conference and Exhibition, Denver, Colorado, 1996.
[106] Morozov V A. Methods for solving incorrectly posed problems. Springer Science & Business Media, 2012.
[107] Narayan S, Peterson A M, Narasimha M J. Transform domain LMS algorithm. Acoustics, Speech and Signal Processing, IEEE Transactions on, 1983, 31(3): 609-615.
[108] Nesterov Y. Gradient methods for minimizing composite objective function. Technical report, Catholic University of Louvain, 2007.
[109] Neumaier A. Solving ill-conditioned and singular linear systems: A tutorial on regularization. Siam Review, 1998, 40(3): 636-666.
[110] Osborne M R, Presnell B, Turlach B A. A new approach to variable selection in least squares problems. IMA Journal of Numerical Analysis-Institute of Mathematics and its Applications, 2000, 20(3): 389-404.
[111] Ouzzane J E, Ramamoorthy R, Boyd A J, et al. Application of NMR T_2 relaxation for drainage capillary pressure in vuggy carbonate reservoirs. SPE Annual Technical Conference and Exhibition, San Antonio, Texas, 2006.
[112] Prammer M G, Mardon D, Coates G R, et al. Lithology-independent gas detection by gradient-NMR logging. SPE Annual Technical Conference and Exhibition, Dallas, Texas, 1995.
[113] Prammer M. NMR pore size distributions and permeability at the well site. SPE Annual Technical Conference and Exhibition, New Orleans, Louisiana, 1994.
[114] Prange M, Song Y Q. Quantifying uncertainty in NMR T_2 spectra using monte carlo inversion. Journal of magnetic resonance, 2009, 196(1): 54-60.
[115] Prange M, Song Y Q. Understanding NMR T_2 spectral uncertainty. Journal of magnetic resonance, 2010, 204(1): 118-123.
[116] Provencher S W. A constrained regularization method for inverting data represented by linear algebraic or integral equations. Computer Physics Communications, 1982, 27(3): 213-227.
[117] Provencher S W. Contin: A general purpose constrained regularization program for inverting noisy linear algebraic and integral equations. Computer Physics Communications, 1982, 27(3): 229-242.
[118] Rajeesh J, Moni R, Palanikumar S, et al. Noise reduction in magnetic resonance images using wave atom shrinkage. The International Journal of Image Processing, 2010, 4(2): 131-141.
[119] Rao K R, Ahmed N. Orthogonal transforms for digital signal processing. IEEE International Conference on ICASSP, Philadelphia, 1976.
[120] Salazar-Tio R, Sun B Q. Monte carlo optimization-inversion methods for NMR. SPWLA 50th

Annual Logging Symposium, The Woodlands, Texas, 2009.

[121] Sandgren N, Stoica P, Selén Y. Frequency-selective SVD-based magnetic resonance spectroscopy with prior knowledge. Conference Record of the Thirty-Eighth Asilomar Conference on Signals, Systems and Computers, Pacific Grove, California, 2004.

[122] Serban N. Noise reduction for enhanced component identification in multi-dimensional biomolecular NMR studies. Computational Statistics & Data Analysis, 2010, 54(4): 1051-1065.

[123] Shao X G, Leung A K-M, Chau F T. Wavelet: ? A new trend in chemistry. Accounts of Chemical Research, 2003, 36(4): 276-283.

[124] Song Y Q, Venkataramanan L, Hürlimann M. D, et al. T_1-T_2 correlation spectra obtained using a fast two-dimensional Laplace inversion. Journal of Magnetic Resonance, 2002, 154 (2): 261-268.

[125] Spencer C. Geologic aspects of tight gas reservoirs in the rocky mountain region. Journal of petroleum technology, 1985, 37(7): 1308-1314.

[126] Straley C, Roosini D, Vinegar H J, et al. Core analysis by low-field NMR. Log Analyst, 1997, 38(2): 84-94.

[127] Sun B Q, Dunn K J. A global inversion method for multi-dimensional NMR logging. Journal of magnetic resonance, 2005, 172(1): 152-160.

[128] Sun B Q, Dunn K J. Core analysis with two dimensional NMR. International Symposium of the Society of Core Analysts, Monterey, California, 2002.

[129] Sun B Q, Dunn K J. Method for obtaining multi-dimensional proton density distributions from a system of nuclear spins. U. S. Patents. 2005.

[130] Sun B Q, Dunn K J. Methods and limitations of NMR data inversion for fluid typing. Journal of magnetic resonance, 2004, 169(1): 118-128.

[131] Sun B Q, Dunn K J. NMR inversion methods for fluid typing. SPWLA 44th Annual Logging Symposium, Galveston, Texas, 2003.

[132] Sun B Q, Dunn K J. Probing the internal field gradients of porous media. Physical Review E, 2002, 65(5): 051309-051309.

[133] Tan M, Zou Y, Zhou C. A new inversion method for(T_2, D) 2D NMR logging and fluid typing. Computers & Geosciences, 2013, 51: 366-380.

[134] Thungsuntonkhun W, Engler T W. Applying NMR-hydraulic flow unit technique to estimate J-function and capillary pressure. SPWLA 45th Annual Logging Symposium, Noordwijk, Netherlands, 2004.

[135] Tibshirani R. Regression shrinkage and selection via the lasso. Journal of the Royal Statistical Society Series B (Methodological), 1996, 58(1): 267-288.

[136] Tikhonov A N, Arsenin V. I, John F. Solutions of ill-posed problems. Winston Washington, DC.: Winston, 1977.

[137] Tong M, Li L, Wang W, et al. Determining capillary-pressure curve, pore-size distribution, and permeability from induced polarization of shaley sand. Geophysics, 2006, 71 (3): 33-40.

[138] Trbovic N, Dancea F, Langer T, et al. Using wavelet de-noised spectra in NMR screening. Journal of magnetic resonance, 2005, 173(2): 280-287.

[139] Ukkelberg ?, S? rland G H, Hansen E. W, et al. ANAHESS, a new second order sum of exponentials fit algorithm, compared to the Tikhonov regularization approach, with NMR applications. Int. J. Research and Reviews, 2010, 2(3): 195-210.

[140] Venkataramanan L, Song Y Q, Hurlimann M D. Nuclear magnetic resonance measurements and methods of analyzing nuclear magnetic resonance data. U. S. Patents. 2002.

[141] Venkataramanan L, Song Y Q, Hurlimann M. D. Solving fredholm integrals of the first kind with tensor product structure in 2 and 2.5 dimensions. Signal Processing, IEEE Transactions on, 2002, 50(5): 1017-1026.

[142] Volokitin Y, Looyestijn W J, Slijkerman W F J, et al. A practical approach to obtain primary drainage capillary pressure curves from NMR core and log data. PetroPhysics, 2001, 42(4): 334-343.

[143] Whittall K P, Bronskill M J, Henkelman R M. Investigation of analysis techniques for complicated NMR relaxation data. Journal of magnetic resonance, 1991, 95(2): 221-234.

[144] Whittall K P, Mackay A L. Quantitative interpretation of NMR relaxation data. Journal of magnetic resonance, 1989, 84(1): 134-152.

[145] Wickerhauser M V. INRIA Lectures on wavelet packet algorithms. France: Ondelettes et Paquets D´ondelettes, Roquencourt, 1991.

[146] Wilson D, LaTorraca G. NMR magic angle sample spinning for measuring water and heavy oil saturation and high resolution relexaometry. Symposium of Society of Core Analysts, San Francisco, California, 1999.

[147] Wood J C, Johnson K M. Wavelet packet denoising of magnetic resonance images: importance of Rician noise at low SNR. Magnetic Resonance in Medicine, 1999, 41(3): 631-635.

[148] Wright S J, Nowak R D, Figueiredo M A. Sparse reconstruction by separable approximation. Signal Processing, IEEE Transactions on, 2009, 57(7): 2479-2493.

[149] Wu L, Kong L, Cheng J. Wavelet de-noising algorithm for NMR logging application. Journal of Information & Computational Science, 2011, 8(5): 747-754.

[150] Wu Y B, Xie R H, Xiao L Z. Application of Wavelet Domain Adaptive Filtering to De-Noise NMR Data. Advanced Materials Research, 2012, 588: 814-817.

[151] Xiao L, Du Y, Ye C. 13 C longitudinal relaxation of fluids saturated in oil reservoir cores by mas NMR. Journal of colloid and interface science, 1994, 164(2): 495-497.

[152] Xiao L, Mao Z Q, Wang Z N, et al. Application of NMR logs in tight gas reservoirs for formation evaluation: A case study of sichuan basin in china. Journal of Petroleum Science and Engineering, 2012, 81(1): 182-195.

[153] Xie Q, Xiao L, Cheng L, et al. Phase correction - adaptive line enhancement for noise reduction of low-field NMR. Applied Magnetic Resonance, 2013, 44(12): 1381-1391.

[154] Xie R H, Wu Y B, Liu K, et al. De-noising methods for NMR logging echo signals based on wavelet transform. Journal of Geophysics and Engineering, 2014, 11(3): 35003-35010.

[155] Xie R H, Wu Y B, Liu K, et al. Using wavelet-domain adaptive filtering to improve signal-to-noise ratio of nuclear magnetic resonance log data from tight gas sands. Geophysical Prospecting, 2015, DOI: 10.1111/1365-2478.12333.
[156] Yang J, Zhang Y. Alternating direction algorithms for L_1 - problems in compressive sensing. SIAM journal on scientific computing, 2011, 33(1): 250-278.
[157] Zheng C, Zhang Y. Low-field pulsed NMR signal denoising based on wavelet transform. IEEE 15th Signal Processing and Communications Applications, Eskisehir, 2007.
[158] Zhong J, Sleighter R L, Salmon E, et al. Combining advanced NMR techniques with ultrahigh resolution mass spectrometry: A new strategy for molecular scale characterization of macromolecular components of soil and sedimentary organic matter. Organic Geochemistry, 2011, 42(8): 903-916.
[159] 白玉彬，赵靖舟，赵子龙，等．鄂尔多斯盆地志丹地区延长组长 7 致密油成藏条件与成藏特征．石油与天然气地质，2013，34(5)：631-639.
[160] 蔡剑华，汤井田，胡惟文．基于经验模态分解的核磁共振测井信号去噪新方法．核电子学与探测技术，2010，30(3)：390-393.
[161] 查传钰，吕钢．多孔介质中流体的扩散系数及其测量方法．地球物理学进展，1998，13(2)：60-72.
[162] 陈华，潘克家，谭永基．核磁共振弛豫信号多指数反演新方法．测井技术，2009，33(1)：37-41.
[163] 戴金星，倪云燕，吴小奇．中国致密砂岩气及在勘探开发上的重要意义．石油勘探与开发，2012，39(3)：257-264.
[164] 邓克俊．核磁共振测井理论及应用．东营：中国石油大学出版社，2010.
[165] 邓少贵．用核磁共振测井测量粘土束缚水孔隙度和总孔隙度．测井与射孔，1998，2：33-39.
[166] 丁阳．基于遗传算法的核磁共振 T_2 谱反演(硕士学位论文)．长春：吉林大学，2010.
[167] 范宜仁，吴飞，李虎，等．D-T_2 二维核磁共振脉冲序列及反演方法改进设计．物理学报，2015，64(9)：99301-099301.
[168] 傅少庆，肖立志，谢然红．饱和多相流体孔隙介质内部磁场梯度的探测．中国科学：物理学，力学，天文学，2012，42(8)：827-834.
[169] 高敏，安秀荣，祇淑华，等．用核磁共振测井资料评价储层的孔隙结构．测井技术，2000，3(3)：188-193.
[170] 顾兆斌，刘卫．核磁共振二维谱反演．波谱学杂志，2007，3(3)：311-319.
[171] 关德师，牛嘉玉，郭丽娜，等．中国非常规油气地质．北京：石油工业出版社，1995.
[172] 郭秋麟，陈宁生，吴晓智，等．致密油资源评价方法研究．中国石油勘探，2013，18(2)：67-76.
[173] 何雨丹，毛志强，肖立志，等．核磁共振 T_2 分布评价岩石孔径分布的改进方法．地球物理学报，2005，48(2)：373-378.
[174] 胡法龙，周灿灿，李潮流，等．一种获得目的储层横向弛豫时间分布的方法及装置：中国，CN104330433A. 2014.

[175] 胡法龙．多频核磁共振测井仪磁场分布数值模拟与探头设计(博士学位论文)，北京：中国石油大学(北京)，2007.
[176] 贾承造，郑民，张永峰．中国非常规油气资源与勘探开发前景．石油勘探与开发，2012，39(2)：129-136.
[177] 贾承造，邹才能，李建忠，等．中国致密油评价标准、主要类型、基本特征及资源前景．石油学报，2012，33(3)：343-350.
[178] 姜建平．NMR 技术进入新阶段-总孔隙度测量．测井技术信息，1999，12(1)：23-25.
[179] 姜瑞忠，姚彦平，苗盛，等．核磁共振 T_2 谱奇异值分解反演改进算法．石油学报，2006，26(6)：57-59.
[180] 匡立春，孙中春，毛志强，等．核磁共振测井技术在准噶尔盆地油气勘探开发中的应用．北京：石油工业出版社，2015.
[181] 李建忠，郭彬程，郑民，等．中国致密砂岩气主要类型、地质特征与资源潜力．天然气地球科学，2012，23(4)：607-615.
[182] 李鹏举，张智鹏，姜大鹏．核磁共振测井流体识别方法综述．测井技术，2011，35(5)：396-401.
[183] 李鹏举．核磁共振 T_2 谱反演及流体识别评价方法研究(博士学位论文)．大庆：东北石油大学，2010.
[184] 李洋，肖立志，孙华峰．核磁共振测井 TDA 识别油气的影响因素．波谱学杂志，2012，29(1)：21-31.
[185] 林森虎，邹才能，袁选俊，等．美国致密油开发现状及启示．岩性油气藏，2011，23(4)：25-30.
[186] 刘春杨，卢双舫，薛海涛，等．用核磁共振和常规测井资料预测毛细管压力曲线方法．测井技术，2010，34(6)：597-600.
[187] 刘家军．核磁共振测井流体识别方法及其数值模拟(硕士学位论文)．北京：中国石油大学(北京)，2008.
[188] 刘堂宴，马在田，傅容珊．核磁共振谱的岩石孔喉结构分析．石油地球物理勘探，2003，38(3)：328-333.
[189] 刘天定，赵太平，李高仁，等．利用核磁共振评价致密砂岩储层孔径分布的改进方法．测井技术，2012，36(2)：119-123.
[190] 刘晓鹏，胡晓新．近五年核磁共振测井在储集层孔隙结构评价中的若干进展．地球物理学进展，2009，24(6)：2194-2201.
[191] 卢文东，肖立志，李伟，等．核磁共振测井在低孔低渗储层渗透率计算中的应用．中国海上油气，2007，19(2)：103-106.
[192] 卢文东．核磁共振测井评价储层参数的若干基本问题研究(博士学位论文)．北京：中国石油大学(北京)，2007.
[193] 罗哲谭，王允诚．油气储集层的孔隙结构．北京：科学出版社，1986.
[194] 吕凤超．核磁共振信号检测与去噪算法的研究(硕士学位论文)．沈阳：东北大学，2012.
[195] 宁从前．核磁共振测井精细处理解释方法与应用研究(博士学位论文)，北京：中国石

油勘探开发研究院，2001.
[196] 潘克家，陈华，谭永基．基于差分进化算法的核磁共振 T_2 谱多指数反演．物理学报，2008，57(9)：5956-5961.
[197] 阙洪培，雷卞军．核磁共振 T_2 谱法估算毛管压力曲线综述．西南石油学院学报，2003，25(6)：9-11.
[198] 邵维志，丁娱娇，刘亚，等．核磁共振测井在储层孔隙结构评价中的应用．测井技术，2009，33(1)：52-56.
[199] 邵维志，丁娱娇，肖斐，等．利用 T_2 谱形态确定 T_2 截止值的方法探索．测井技术，2009，33(5)：430-435.
[200] 邵维志．核磁共振测井移谱差谱法影响因素实验分析．测井技术，2003，27(6)：502-507.
[201] 邵学广，广顾华，蔡文生，等．一维核磁共振谱数据的小波变换压缩．光谱学与光谱分析，1999，19(2)：139-141.
[202] 孙伯勤，邓克俊．Fast NMR CPMG data inversion using fluid component decompositions. 波谱学杂志，2010，27(3)：298-309.
[203] 谭茂金，邹友龙，刘兵开，等．气水模型(T_2，D)二维核磁共振测井数值模拟及参数影响分析．测井技术，2011，35(2)：130-136.
[204] 滕军，朱焰煌，卢伟，等．自适应分解层数的小波阈中值滤波振动信号降噪法．振动与冲击，2009，28(12)：58-62.
[205] 田亚．核磁共振测井渗透率模型研究(硕士学位论文)．北京：中国石油大学(北京)，2008.
[206] 王婷．EMD 算法研究及其在信号去噪中的应用(博士学位论文)．哈尔滨：哈尔滨工程大学，2010.
[207] 王为民，李培．核磁共振弛豫信号的多指数反演．中国科学：A 辑，2001，31(8)：730-736.
[208] 王为民．核磁共振岩石物理研究及在石油工业中的应用(博士学位论文)．武汉：中国科学院武汉物理与数学研究所，2001.
[209] 王伟男，童茂松，陈国华，等．泥质砂岩的物理性质及其测井应用．北京：石油工业出版社，2004.
[210] 王希武，董光波，谢桂海．基于小波变换的核磁共振 FID 信号的去噪方法研究．核电子学与探测技术，2008，28(2)：365-370.
[211] 王筱文，肖立志，谢然红，等．中国陆相地层核磁共振孔隙度研究．中国科学(G 辑)，2006，49(3)：313-320.
[212] 王学武，杨正明，李海波，等．核磁共振研究低渗透储层孔隙结构方法．西南石油大学学报(自然科学版)，2010，32(2)：69-72.
[213] 王允诚，孔金祥，李海平．气藏地质．北京：石油工业出版社，2004.
[214] 王莜文．核磁共振成像测井孔隙度测量机理与影响因素研究(硕士学位论文)．北京：中国石油大学(北京)，2005.
[215] 王忠东，向天德．综合利用核磁谱差分与谱位移测井提高油层解释精度．测井技术，

2001，25(5)：365-368.

[216] 翁爱华．核磁测井数据处理基础理论与实验研究(博士学位论文)，长春：吉林大学，2001.

[217] 翁爱华，李舟波，姜亦忠，等．矿化度对流体核磁共振性质影响的实验研究．测井技术，2001，25(6)：401-404.

[218] 吴飞，范宜仁，李进，等．D-T_2 二维核磁共振技术发展综述．测井技术，2015，39(3)：261-271.

[219] 吴飞，范宜仁，王帅，等．D-T_2 二维核磁共振脉冲序列改进设计及性能对比．中国石油大学学报：自然科学版，2015，39(1)：50-59.

[220] 吴磊，孔力，程晶晶．基于小波变换的核磁共振测井信号去噪算法设计．仪表技术与传感器，2011，48(10)：71-72.

[221] 吴小斌，张永平，侯加根，等．核磁共振技术在苏里格致密气层识别中的应用．新疆地质，2011，29(2)：238-241.

[222] 肖飞，何宗斌，周静萍．核磁共振测井连续表征储层孔隙结构方法研究．石油天然气学报，2012，34(2)：93-97.

[223] 肖立志，柴细元，孙宝喜，等．核磁共振测井资料解释与应用导论．北京：石油工业出版社，2001.

[224] 肖立志，刘堂晏，傅容珊，等．利用核磁共振测井评价储层的捕集能力．石油学报，2004，25(4)：38-41.

[225] 肖立志，王忠东，刘堂宴．核磁共振多指数反演新方法应用．Pet Sci，2004，1(1)：19-22.

[226] 肖立志，谢庆明，谢然红，等．核磁共振测井的正则化-启发式阈值降噪研究．地球物理学报，2013，56(11)：3943-3952.

[227] 肖立志，谢然红，丁娱娇，等．核磁共振测井仪器的最新进展与未来发展方向．测井技术，2003，27(4)：265-269.

[228] 肖立志，谢然红，廖广志．中国复杂油气藏核磁共振测井理论与方法．北京：科学出版社，2012.

[229] 肖立志，谢然红．核磁共振在石油测井与地层油气评价中的应用．中国工程科学，2003，5(9)：87-94.

[230] 肖立志．我国核磁共振测井应用中的若干重要问题．测井技术，2007，31(5)：401-407.

[231] 肖立志．核磁共振成像测井与岩石核磁共振及其应用．北京：科学出版社，1998.

[232] 肖立志．我国核磁共振测井应用中的若干重要问题．测井技术，2007，31(5)：401-407.

[233] 肖立志．岩石核磁共振研究(博士学位论文)．武汉：中国科学院武汉物理研究所．1995.

[234] 谢庆明，肖立志，廖广志．SURE 算法在核磁共振信号去噪中的实现．地球物理学报，2010，53(11)：2776-2783.

[235] 谢然红，肖立志，邓克俊．核磁共振测井孔隙度观测模式与处理方法研究．地球物理学

报，2006，49(5)：1567-1572.
[236] 谢然红，肖立志，邓克俊，等．二维核磁共振测井．测井技术，2005，29(5)：430-434.
[237] 谢然红，肖立志，邓克俊，等．二维核磁共振测井．测井技术，2005，29(5)：43-47.
[238] 谢然红，肖立志，刘家军．核磁共振测井时域分析法数值模拟及影响因素分析．地球物理学报，2011，54(8)：2184-2192.
[239] 谢然红，肖立志，刘天定．原油的核磁共振弛豫特征．西南石油大学学报，2007，29(5)：21-24.
[240] 谢然红，肖立志，陆大卫．识别储层流体的(T_2，T_1)二维核磁共振方法．测井技术，2009，33(1)：26-31.
[241] 谢然红，肖立志，王忠东，等．复杂流体储层核磁共振测井孔隙度影响因素．中国科学D辑，2008，38(增刊)I：191-196.
[242] 谢然红，肖立志，张建民，等．低渗透储层特征与测井评价方法．中国石油大学学报(自然科学版)，2006，30(1)：47-55.
[243] 谢然红，肖立志．(T_1，D)二维核磁共振测井识别储层流体的方法研究．地球物理学报，2008，52(9)：2410-2418.
[244] 谢然红，肖立志．(T_2，T_1/T_2)二维核磁共振识别天然气储层的方法研究．中国石油学会第十六届测井年会，西安，2009.
[245] 谢然红，肖立志．储层流体及其在岩石孔隙中的核磁共振弛豫温度特性．地质学报，2007，81(2)：280-283.
[246] 谢然红，肖立志．核磁共振测井探测岩石内部磁场梯度的方法．地球物理学报，2009，52(5)：1341-1347.
[247] 杨保联，周建威．弛豫时间测量的数据拟合．波谱学杂志，1995，12(6)：671-676.
[248] 原海涵．毛管理论在测井解释中的应用-毛管电动力学与多孔性岩石．北京：石油工业出版社，1995.
[249] 运华云，赵文杰，刘兵开，等．利用T_2分布进行岩石孔隙结构研究．测井技术，2002，26(1)：18-21.
[250] 张晋言，刘海河，刘伟．核磁共振测井在深层砂砾岩孔隙结构及有效性评价中的应用．测井技术，2012，36(3)：256-260.
[251] 张抗．从致密油气到页岩油气——中国非常规油气发展之路探析．国际石油经济，2012，20(3)：9-15.
[252] 张哨楠，丁晓琪．鄂尔多斯盆地南部延长组致密砂岩储层特征及其成因．成都理工大学学报：自然科学版，2010，37(4)：386-394.
[253] 张诗青，戴诗华，张晓亮，等．核磁共振与半渗透隔板结合确定毛细管压力实验．新疆石油地质，2010，31(6)：647-648.
[254] 张子瑜，吴镇扬．离散小波变换域LMS自适应消噪．电路与系统学报，2000，5(1)：77-81.
[255] 赵秋来，李庆合，丁娱娇，等．MREx核磁共振测井流体性质评价技术的应用分析．测井技术，2005，28(5)：436-440.

[256] 赵天平．核磁共振岩心分析的标准化模型研究(硕士学位论文)．北京：中国石油大学(北京)，2005.
[257] 赵永刚，吴非．核磁共振测井技术在储层评价中的应用．天然气工业，2007，27(7)：42-44.
[258] 赵政璋，杜金虎．致密油气．北京：石油工业出版社．2013.
[259] 郑容．线性积分方程反演软件-CONTIN 的求解方法与使用．计算机与应用化学，2000，17(4)：363-366.
[260] 周小龙，聂生东，王远军，等．核磁共振二维谱反演技术综述．波谱学杂志，2013，30(2)：293-305.
[261] 邹才能，杨智，陶士振，等．纳米油气与源储共生型油气聚集．石油勘探与开发，2012，39(1)：13-26.
[262] 邹才能，朱如凯，吴松涛，等．常规与非常规油气聚集类型、特征、机理及展望——以中国致密油和致密气为例．石油学报，2012，33(2)：173-187.